E-Prime
第一次用就上手

黄扬名 著

知识产权出版社
全国百佳图书出版单位

图书在版编目（CIP）数据

E-Prime第一次用就上手 / 黄扬名著. —北京：知识产权出版社，2016.7
（学术匠丛书）
ISBN 978-7-5130-4167-6

Ⅰ.①E… Ⅱ.①黄… Ⅲ.①实验心理学—应用软件 Ⅳ.①B841.4-39

中国版本图书馆 CIP 数据核字（2016）第 082414 号

本书为（台湾）五南图书出版股份有限公司授权知识产权出版社有限责任公司在中国大陆出版发行简体字版本。未经出版者书面许可，不得以任何形式复制或抄袭本书的任何部分。

责任编辑：刘丽丽　　　　　　　　　责任校对：董志英
封面设计：陶建胜　　　　　　　　　责任出版：刘译文

E-Prime第一次用就上手

黄扬名◎著

出版发行：知识产权出版社 有限责任公司	网　址：http://www.ipph.cn
社　址：北京市海淀区西外太平庄 55 号	邮　编：100081
责编电话：010-82000860 转 8252	责编邮箱：liuli8260@163.com
发行电话：010-82000860 转 8101/8102	发行传真：010-82000893/82005070/82000270
印　刷：北京嘉恒彩色印刷有限责任公司	经　销：各大网上书店、新华书店及相关专业书店
开　本：787mm×1092mm　1/16	印　张：11
版　次：2016 年 7 月第 1 版	印　次：2016 年 7 月第 1 次印刷
字　数：170 千字	定　价：42.00 元

ISBN 978-7-5130-4167-6
京权图字：01-2015-5661

出版权专有　　侵权必究
如有印装质量问题，本社负责调换。

自　序

十几年前从生命科学系转行到心理系，当时对于要写程序做心理学实验，其实没有太意外，因为大学时期就接受了一些洗礼。当时用了几套不同的软件，很庆幸自己还算有些写程序的天分，加上贵人相助，让我在研究所的生涯没有过得太痛苦。然而，我相信对于很多社会人文背景的同学来说，根本没有想过自己的研究需要涉及程序撰写，甚至认为撰写程序根本就比登天还难，希望看完这本书之后能够让你们改观。

E-Prime可以说是市面上最容易使用的实验程序撰写软件，但又有一定程度的扩充性，所以可以完成大多数所需要撰写的程序。几年前，我第一次教E-Prime这门课时，就兴起了要写书的念头，但迟迟一直没有行动。在2012年夏天的一场论文口试中，"中国医药大学"的李金铃老师说怎么不写？由此才比较认真对待，终于在2013年年初完成书的雏形。

在撰写的过程中，感谢脸书上朋友们的支持、台湾辅仁大学心理系苏梓恒同学帮忙制作书籍所需的屏幕截图，以及看过这本书初稿的朋友们；更需要感谢的是，这几年来修过我E-Prime课的学生。这门课一直是我最喜欢教的一门课，也是上的最开心的一门课，同学们的创意、巧思往往超乎了我的想象，因为这些火花，让我写书的热诚能够持续。

最后，必须声明这本书绝对只是一个开端，没有办法把所有E-Prime撰写的技巧都教给各位；不过我相信，只要各位掌握书中的基本原则，加上网络上丰富的资源，应该没有不能写完成的程序。搭配这本书会有一个网络平台"E-Prime 第一次用就上手"（http://sites.google.com/site/eprimefordummies），欢迎大家在上面切磋，我也会持续放一些新的程序范例在上面让各位参考。

黄扬名

2013 年 7 月

目 录

第 1 章 前 言
004 //　　本书的规划

第 2 章 简介 E-Prime 的界面
012 //　　小诀窍

第 3 章 写一个程序
015 //　　所有程序语言的第一课 "Hello World"
017 //　　写一个比较像实验的程序
026 //　　小　结
026 //　　章节挑战
026 //　　小诀窍

第 4 章 刺激材料的呈现
030 //　　呈现文字刺激
035 //　　呈现图片刺激
037 //　　利用 Slide 呈现多个不同的刺激
039 //　　呈现声音刺激

043 //　呈现影片刺激
043 //　小　　结
043 //　章节挑战
044 //　小诀窍

第 5 章　反应输入的设定

048 //　用键盘输入
052 //　用鼠标输入
053 //　用 AskBox 做输入
055 //　小　　结
055 //　章节挑战
055 //　小诀窍

第 6 章　实验结构的安排

059 //　实验的基本元素
068 //　实验的结构——由下而上
078 //　实验参与者间 vs. 实验参与者内的操纵
084 //　一个实验完整的面貌
085 //　实验参与者相关资料的搜集
086 //　小　　结
086 //　章节挑战
087 //　小诀窍

第 7 章　Nested 功能的介绍

091 //　功能一：让程序更有弹性
095 //　功能二：一次需要选择多个项目
103 //　Nested 功能的运作模式
104 //　Nested List 中的 Nested List
105 //　小　　结

105 // 章节挑战

105 // 小诀窍

第 8 章　E-Prime 结果分析

109 // 找到结果文件

110 // 将结果文件合并

112 // 浏览结果文件

114 // 分析结果文件

119 // 小　结

119 // 章节挑战

119 // 小诀窍

第 9 章　Inline 语法使用基础篇

123 // 定义变量

125 // 让变量和程序产生关系

128 // 搭配判断式的使用

129 // 小　结

129 // 章节挑战

129 // 小诀窍

第 10 章　Inline 语法使用进阶篇

133 // 针对练习阶段做一些设定

135 // 再认实验

137 // 根据实验参与者的表现来改变难度

138 // 用鼠标来点选

140 // 连接其他设备

143 // 刺激呈现时间过短时记录反应的方法

144 // 小　结

144 // 章节挑战

145 // 小诀窍

第11章　用 E-Prime 写常用的心理学实验程序

149 // 促发实验
150 // 视觉搜寻实验
151 // 注意力眨眼实验
153 // N-back
155 // 小　结

第12章　E-Prime 也可以这样用

159 // E-Prime 写算命程序
161 // E-Prime 当作填写问卷的程序
162 // E-Prime 做动画
163 // E-Prime 做游戏
164 // 小　结

附录一　相关网络资源　// 165
附录二　E-Prime 使用常见的问题　// 167

第 1 章
前 言

一般民众所知道的心理学，大多是所谓的咨询、临床心理学，他们总认为学心理学的人会看透他们的心思。然而真正接受过心理学训练的人都会知道，心理学并非仅关于如何看穿别人的心思，如何为他人提供心理咨询；心理学包含很多不同的领域：认知心理学、发展心理学、社会心理学、工商心理学等。心理学的研究方法也不仅仅是跟个案聊天咨询，心理学的研究方法也可以是相当科学的，不论是使用计算机，还是使用其他仪器来探索人的心智运作历程。

进行心理学的实验或许不需要穿上白大褂，但实验的逻辑和其他科学研究是没有差异的，不外乎都是要经历下列的历程：观察→产生问题→研究假设→设计实验→执行实验→分析诠释结果→发展理论。

典型的心理学实验需要实验参与者在屏幕前针对所呈现的刺激材料进行反应，根据实验参与者的反应时间及正确率来推测心智行为的运作历程。随着科技的进展，现在的心理学实验可能不单纯记录实验参与者的反应时间及正确率，也可能会记录脑内的活动（利用功能性磁振造影等仪器设备）、生理反应（例如心跳、血压、皮肤电位变化）等指标。再者，为了增进研究的生态效度，有越来越多的心理学实验是在真实情境中进行的，而非要求实验参与者坐在计算机前面进行。不论使用哪一种研究方法，只要研究需要精确地呈现刺激材料（呈现多长时间或是呈现在某个特定的位置）或是精确地记录反应时间，就会需要计算机的辅助。

早期的心理学系学生都要自己学不同的程序语言来撰写程序，现在相当多不同的公司都推出适合撰写心理实验程序的软件。比较知名的有 E-Prime、Superlab、DMDX、Inquisit 等，其中除了 DMDX 是免费软件外，其他的软件都需要付费。除了这些专门为了心理学实验而开发的软件外，一些原始的程序语言（例如 C 语言等）也是可以用来开发心理学实验的，只是可能需要有较深厚的程序撰写能力。本书要介绍的是 E-Prime 这个软件，因为 E-Prime 在使用上门槛较低，又可以加入进阶的程序代码来完成较复杂的设定；除此之外，E-Prime 也提供了一些仪器的插件，让用户做研究可以更有弹性。

一般心理系的学生听到要写程序第一个感觉都是害怕，但很多学过

E-Prime 的同学后来都会发现，真正面临的问题其实都不是在程序的部分，而是在实验设计的部分。因此本书在介绍程序语法的同时也会伴随实验设计的内容，让读者可以更有撰写程序的自主性。

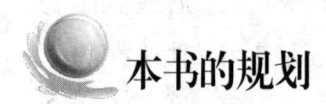

本书的规划

本书的目的不是要取代 E-Prime 的使用手册，而是让需要使用 E-Prime 的读者能够更容易入门，一旦熟悉了基本的操作，读者不论是参考使用手册或是网络上相关的资源，都能够应用起来事半功倍。为了适应不同程度的使用需求，大多数的章节都会分成基本和进阶（通常放在脚注）两个部分，让读者自行决定要学习到哪个程度。

工欲善其事，必先利其器，因此在第 2 章会先介绍 E-Prime 的使用接口，让读者知道 E-Prime 中有哪些基本的功能可以使用。当然除了基本的功能外，用户可以自行撰写程序来完成更进阶的功能，这个部分会在第 10 章开始做介绍。为了建立读者写程序的自信心，在第 3 章会用浅显易懂的方式说明一个最基本的程序有哪些组成元素，并且介绍一个最简单的例子，让读者知道用 E-Prime 写程序一点也不难！

在了解最基本的呈现撰写方式后，第 4 章至第 6 章分别针对实验的不同基本元素做进一步的介绍，由简单到复杂，读者可以视自己的需求选择性阅读。

第 7 章介绍的是 Nested 功能，这个部分虽然不难，但对于很多没有程序背景的用户却是一个障碍，因为程序不再那么直观。在这个章节，我会利用图解的方式让读者了解 Nested 功能的运作方式，突破学习的门槛。

前 7 章的内容就已经足以应付一般大二学生在心理学实验中撰写程序所需要的知识（第 11 章会介绍一些经典心理学实验程序的写法），在第 8 章则会介绍如何分析结果，因为这也是相当重要的一个环节。在介绍分析结果的同时也会呼应程序撰写时需要注意的细节，写程序的一个小疏失可能会造成结果没有办法分析，或是要做很多的后续工作才能完成分析，这些时间其实都可以省下来。

第 9 章开始会介绍 Inline 的语法，只要掌握基本的规则，即使没有深厚的程序设计基础，也能够轻松地上手。使用者在面对 Inline 时最大的问题是不清楚要程序为自己做什么事情，一旦想清楚了，其实撰写部分不是最困难的。在第 10 章，我会用实际实验的例子来协助读者思考 Inline 有哪些应用的可能性。

第 11 章会介绍一些经典的心理学实验，也会附上范例的程序，让不想按部就班学写程序但又的确有需求的读者，可以用简单的方式修改并完成自己的实验程序。第 12 章则会介绍一些 E-Prime 的有趣应用，谁说心理学实验只能无趣地让实验参与者盯着屏幕打瞌睡，其实也可以是游戏！

附录一介绍相关的网络资源，包含 E-Prime 程序的写作及制作刺激材料时可以参考的资源。附录二列出使用 E-Prime 常见的问题与解答。

第 2 章
简介 E-Prime 的界面

本书的介绍会以 E-Prime 2.0 Professional❶ 版的界面来做说明，但大致上和 E-Prime 1.x 没有太大的差异（安装的部分就不在此说明）。在安装好 E-Prime 之后，从屏幕的左下角，按下程序集就可以找到 E-Prime2.0，把 E-Prime 2.0 这个文件夹开启，就会看到如图 2-1 的画面，此时只要按下 E-Studio 即会开启 E-Prime 这个程序。

图2-1　从程序集打开E-Prime文件夹所看到的画面

点选 E-Studio 之后，就会看到图 2-2 的画面，开启 E-Studio 时会被询问要开启哪一种档案，建议直接选取 Blank Standard 即可。

图2-2　点选E-Studio之后会看到的画面

---

❶ Professional 版本的特点在于用 Inline 撰写程序语言时有较多辅助工具，基本核心功能与 Standard 版并无差异。

在工具栏上需要特别介绍的是 View，点选 View 之后会看到下拉的选单，如图 2-3 所示。

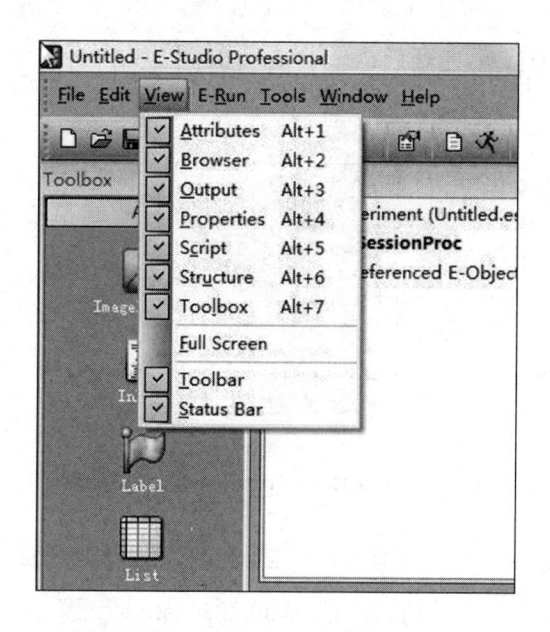

图2-3　点选View之后会看到的下拉选单

以下分别针对每一个选项做介绍，图 2-4 中数字 1 所标示的区域就是所谓的 Attribute，这个区域可以用快捷键（Alt+1）来控制其显示及隐藏。在这里会列出程序中定义的所有变量（Attribute），这个功能在撰写复杂的程序时较有用，可以协助写程序的人了解自己用过哪些变量，有助于变量的命名❶。更有用的功能是在数字 1 所标示的区域按鼠标右键，勾选 Show Duplicate 的选项，则可以看到变量是在程序的哪一个段落做设定的，方便日后的修改。

图 2-4 中数字 2 所标示的区域就是所谓的 Browser，这个区域可以用快捷键（Alt+2）来控制其显示及隐藏。Browser 会列出在程序中所有通过拖曳而产生的对象（就是在 Toolbox 数字 7 中的项目），同时显示这个对象的名称、类别以及是否已经被选用（referenced）。利用 Browser 可以检查是否有重要的对象还没有被引用到程序中，此外也可以在 Browser 来拷贝、删除对象。

---

❶ 变量的命名很重要，在后面的章节会再进行说明。

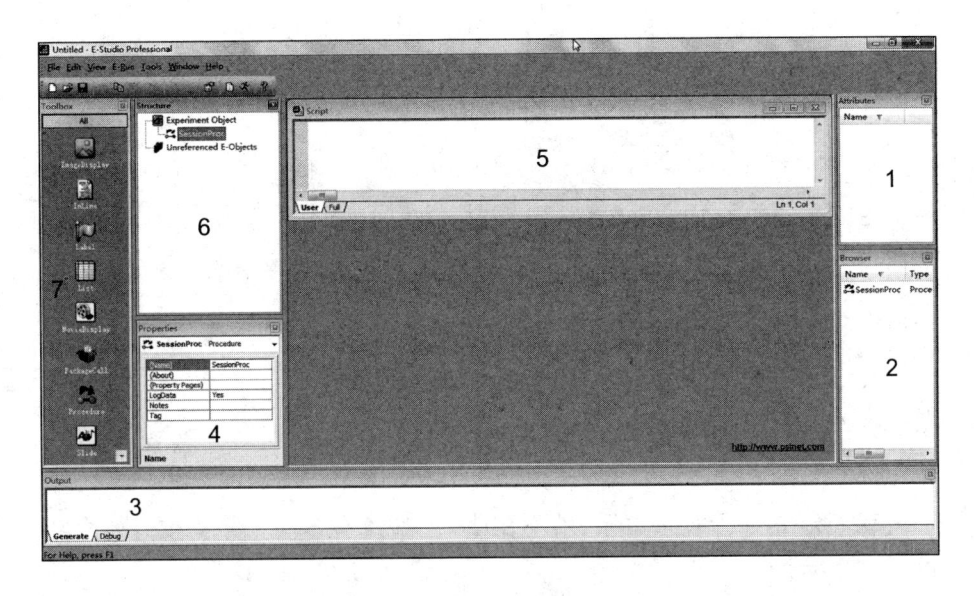

图2-4　E-Prime中不同的功能区块

图 2-4 中数字 3 所标示的区域就是所谓的 Output，这个区域可以用快捷键（Alt+3）来控制其显示及隐藏。Output 在撰写程序的时候不会使用到，只有在写好要产生执行档的时候才会需要，以及当程序执行有错误时会需要。对于不熟悉写程序的人在看到错误信息时通常会惶恐，而快速地关闭程序，但其实不需要过度的紧张，而需要检视到底错在哪里。E-Prime 会通过 Output 来告知用户，程序有错误的第一个地方在哪，以及给予错误信息的代号。当然有时候不是那么容易找到错误，这就要靠使用者自己重复检查。

图 2-4 中数字 4 所标示的区域就是所谓的 Properties，这个区域可以用快捷键（Alt+4）来控制其显示及隐藏。这是在撰写程序中最常需要的信息之一，在 Properties 会显示目前针对对象的设定值，每一行的最右端都可以用鼠标点选，点选后可以针对每一行的项目做设定。建议在写程序的过程中总是显示这个区块，方便针对不同项目做设定，也可以透过不同元素的属性按钮 做设定。

图 2-4 中数字 5 所标示的区域是所谓的 Script，这个区域可以用快捷键（Alt+5）来控制其显示及隐藏。这个区块可以分为 User 及 Full 两个部分，其中 Full 是由 E-Prime 本身所产生的程序代码，没有办法做修改，仅能够检

视程序代码。在User的部分则可以自行修改，这个部分在第9、10章会做介绍。

图2-4中数字6所标示的区域是所谓的Structure，这个区域可以用快捷键（Alt+6）来控制其显示及隐藏。这个部分显示了程序的架构，一打开程序内定的架构就会有一个SessionProc，在这个程序上的对象会依序呈现在程序当中。因此在撰写程序的过程，如果从Toolbox直接拖曳到这里，就可以把Toolbox的元素写入程序中。

图2-4中数字7所标示的区域是所谓的Toolbox，程序中需要的组件都要从这边拖曳到数字6的区域，之后进行设定。

其他的部分，有些和大家习惯使用的Windows接口功能相同，有些则是之后才会需要用到的功能，就不在此一一做介绍。下一章就要开始介绍程序的撰写了！

小诀窍

1. 在使用的过程中若不慎移动了E-Prime内小窗口的位置，可以用拖曳的方式变更位置，但若想省去麻烦，可以先把所有窗口在View选单下都不做勾选，再把所需要的窗口做勾选（设定为显示），窗口就会回到默认的位置了。

2. Tools选单内，有个Option的选项，可以针对E-Prime程序做一些设定，例如多久检查更新程序、默认储存档案的路径等，大家可以视自己的需求来选用。

第3章
写一个程序

这个章节会带读者从0到1写出一个程序。章节中会用循序渐进的方式，让读者可以累积自己的信心，不再害怕写程序。

所有程序语言的第一课 "Hello World"

在学习任何程序语言时，通常会让使用者先写一个"Hello World"的程序，即让程序可以呈现"Hello World"这个字样。接下来就会教大家该如何写出让计算机可以呈现"Hello World"字样的程序；在E-Prime中若要呈现文字，就要从Toolbox中拖曳一个TextDisplay到SessionProc中，如图3-1所示。

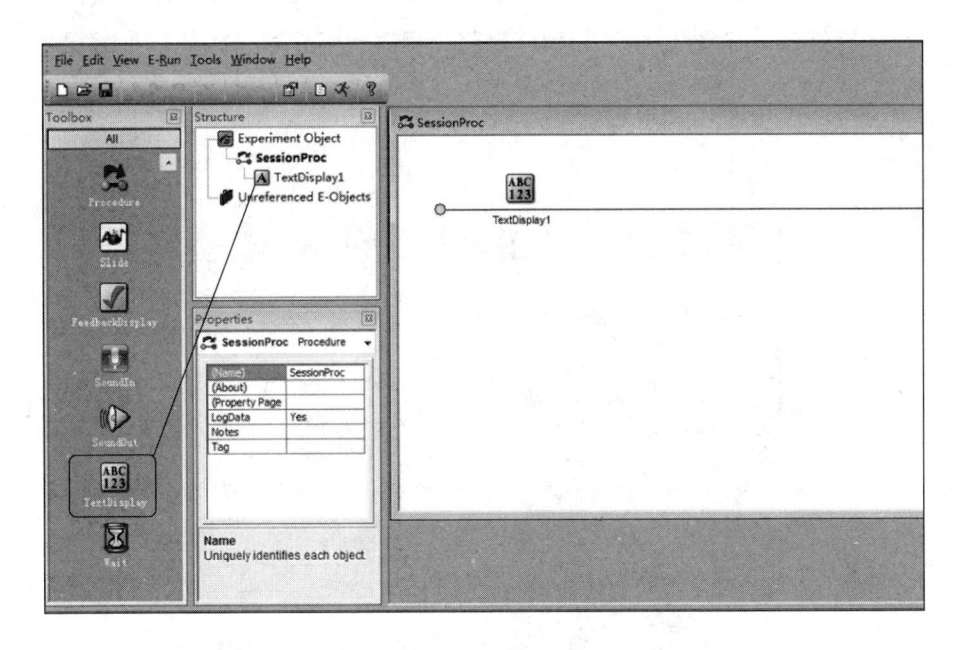

图3-1 将TextDisplay1新增至SessionProc

在完成这个动作后，程序已经知道你要呈现一个画面了，但你需要告诉程序，你要呈现的字样是什么。此时，你只需要双击TextDisplay1，就会看到图3-2的画面，在空白的区域打入"Hello World"，这样就可以了。

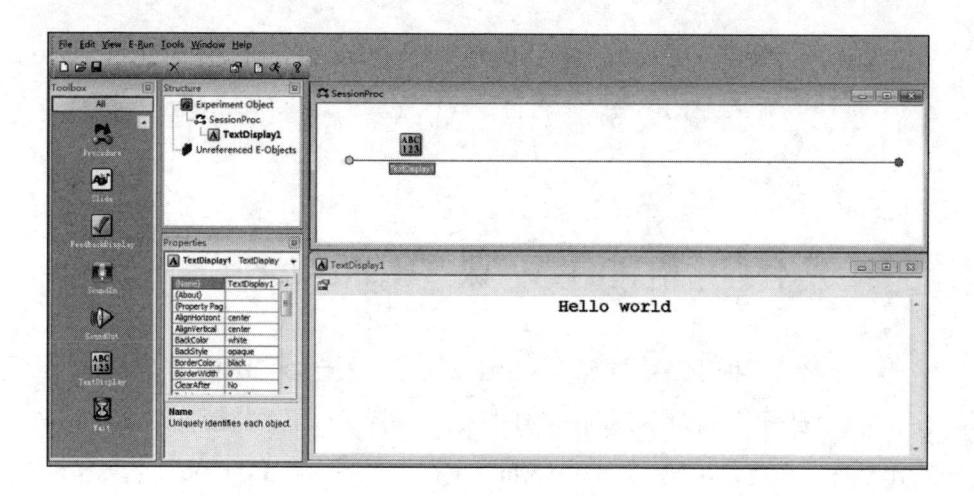

图3-2　在TextDisplay1中新增文字

接下来需要进行存档的动作，请参考图 3-3，按下像磁盘片的 🖫，就可以进行存盘。存盘后必须将程序转化为程序代码才可以执行，此时需要按下 🗎 按键 ❶，若没有跳出错误信息，显示程序代码已经成功产生（程序3-1）。

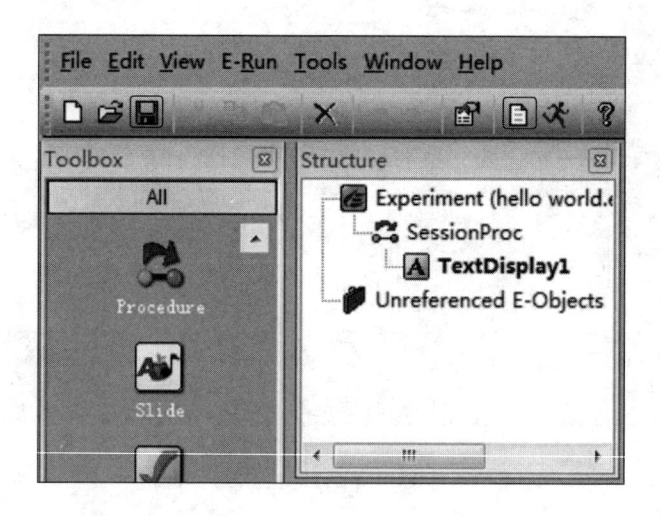

图3-3　存档及转化为程序码

---

❶ 虽然按下紫红色小人也会产生程序码，但按下紫色小人会直接执行实验程序，有时容易当机，因此建议先确认程序码的产生没有问题后，再按紫色小人执行实验程序。

016 / E-Prime 第一次用就上手

恭喜各位已经写好了第一个 E-Prime 程序，此时按下▣按钮，会跳出要输入实验参与者 id 及 session number [1] 的信息，都可直接输入 1，接着确认 id 及 session number 正确无误，程序就会开始执行。屏幕上会看到"Hello World"短暂出现，然后跳回原本的画面。

写一个比较像实验的程序

刚刚"Hello World"的例子虽然容易，但实际上使用 E-Prime 写程序不会仅用来呈现刺激材料，况且是只呈现两个英文单词，否则只要用其他软件就可以完成这个任务了。

首先，大家要思考一下一个实验需要包含哪些元素，若各位参与过心理学的实验，可能会知道一个实验至少包含：

1. 指导语。
2. 练习阶段。
3. 正式阶段。

修改画面呈现时间

指导语会告诉实验参与者实验的程序及该如何做反应，通常会呈现很久，甚至是必须要按键后才会跳到下一个画面。在 E-Prime 中要做这类设定其实非常简单，沿用之前的"Hello World"的例子，请在 TextDisplay1 上连续点两下，会看到如图 3-2 的画面，在画面的左上方有个设定属性的按钮▣，按下去后会看到如图 3-4 的画面。透过这个画面上的选单可以针对 TextDisplay1 的属性做设定，其实除了 TextDisplay 之外，ImageDisplay 及 Slide 都是通过同样的方式来做属性设定的。

---

[1] id 在实验中是相当重要的，可以借此区分不同实验参与者的资料；session number 则是对于要多次施测同一个程序的实验才有其必要性，多数情形，实验参与者只会做同一个程序一次，session number 输入什么数值，没有什么影响。

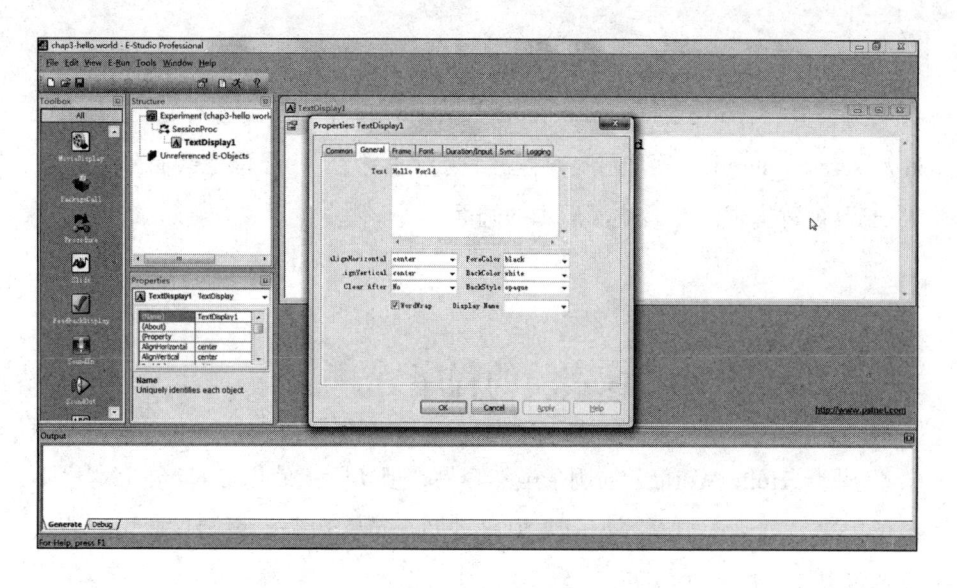

图3-4 设定TextDisplay1的属性

请各位点选 Duration/Input 这个分页，点选后会看到如图 3-5 的画面，若要设定呈现时间为 10 秒，则要把 Duration 改为 10000 [以毫秒（ms）为单位]，这个部分可以用下拉式选单，或点选该框后直接用键盘输入。

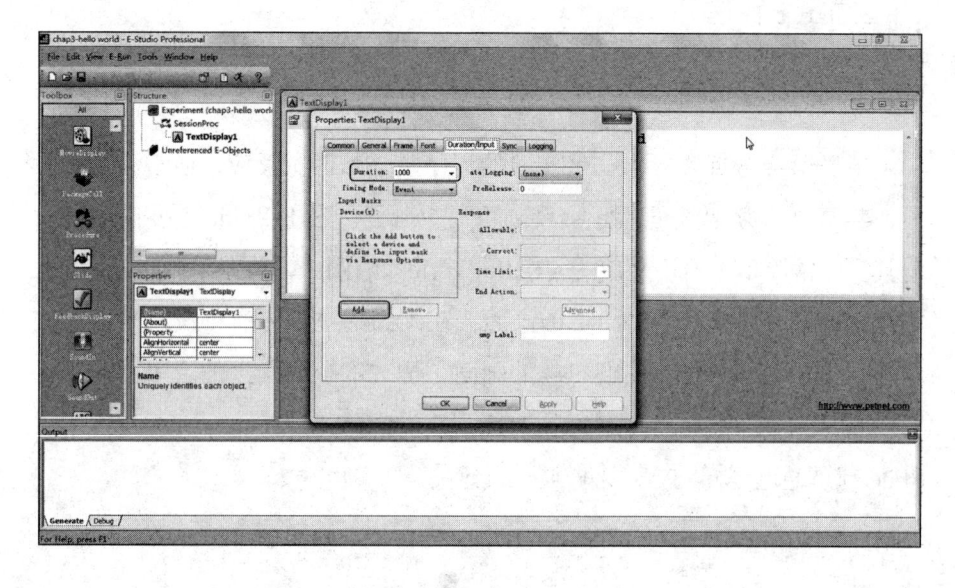

图3-5 设定Duration/Input

若不想设定呈现时间，而是想要设定在实验参与者做了反应后跳到下一个画面，则必须把 Duration 设为 (infinite)（用下拉式选单选择）。另外要在左半边 Input Masks 下 Device(s) 的选项中新增一个项目，建议可以新增一个 Keyboard 作为练习（也可以新增鼠标、E-Prime 反应盒等其他的装置）。在新增 Keyboard 后会看到画面右半边的选项出现了一些改变，如图 3-6 所示，为了不让示例变得太复杂，请大家不要做任何的变动，仅须按下 OK 按键。第 5 章会针对反应输入的设定做进一步的说明。

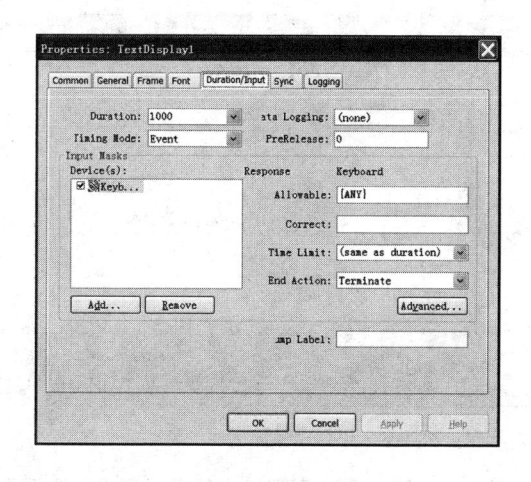

图3-6　新增Device后的画面

现在要请大家存盘，并且重新产生程序代码（程序 3-2），这次应该就会发现"Hello World"会一直呈现在画面上，但只要按下键盘的任何一个键，就会结束程序。

设定多个尝试

不论是在练习阶段或是正式阶段，通常都会有很多尝试，很少有实验仅包含一个尝试，所以这里要介绍如何加入很多的尝试。要达成这个目的当然可以拖曳很多个 TextDisplay 到 SessionProc，但这样的做法非常不聪明，不仅在写程序的时候麻烦（必须针对每一个画面分别去做设定），分析数据的时候会更麻烦。

一般而言，一个实验中只会有两种尝试，第一种在练习阶段使用，会给予实验参与者反馈（反馈的设定会在第 6 章做介绍）；第二种在正式阶段使用，不给予实验参与者反馈。当然因为实验的属性，有些实验可能会有更多种尝试，即使如此，每种类型的尝试也不可能只做一次，所以都不该用拖曳 TextDiplay 等的方式来达成此目的。

　　正确的做法应该是先把一个 List 拖曳到 SessionProc（如图 3-7 所示），接下来把一个 Procedure 拖曳到 Unrefereced E-Objects，因为不能够直接拖曳到 SessionProc！

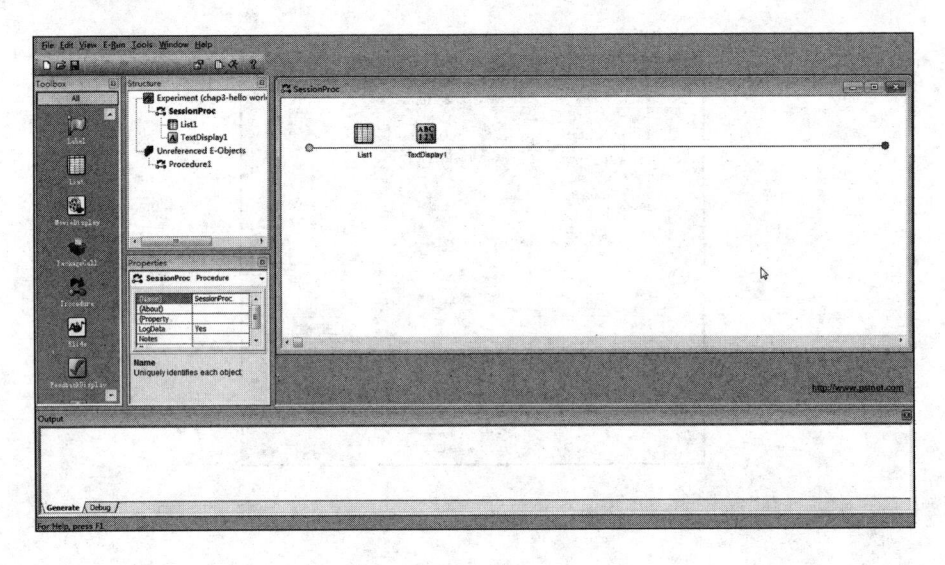

图3-7　加入List和Procedure

　　在 List1 的图样上点两下会看到如图 3-8 的画面，此时要请大家在 Procedure 这个字段利用下拉式选单将 Procedure1 做选取，选取后在 List1 的其他地方做点选，就会看到一个窗口，询问你是否要把 Procedure1 作为默认值，直接按确定即可。此时，Procedure1 就会从 Unreferenced E-Objects 移到 SessionProc。

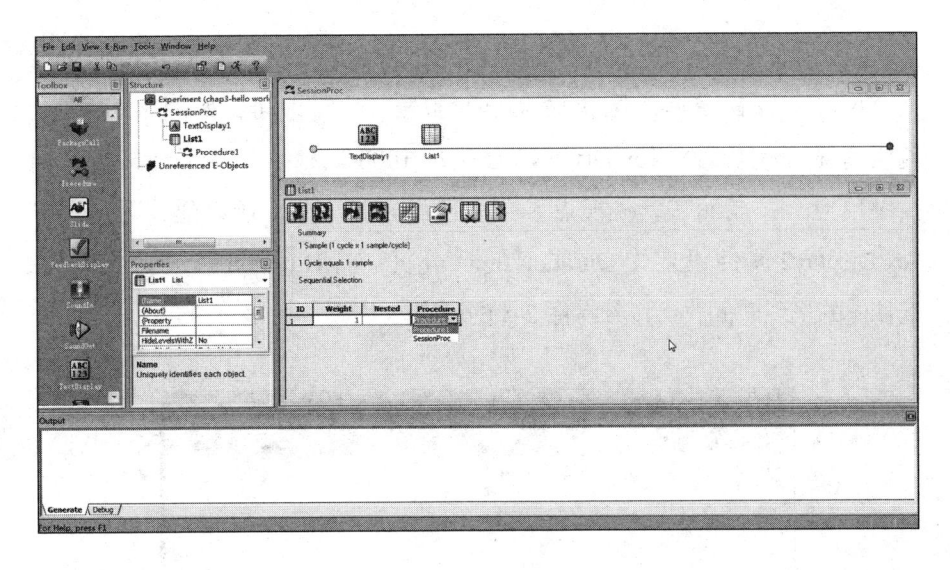

图3-8　设定List属性

假设在每个尝试中，我们希望实验参与者先看到一个"十"字的凝视点，然后看到一个数字，他必须判断这个数字是奇数或是偶数，在按键判断后就会跳到下一个画面。我们首先将两个TextDisplay拖曳到Procedure1（因为是第二、第三个被拖曳的TextDisplay，所以程序会自动命名为TextDisplay2及TextDisplay3），如图3-9所示。

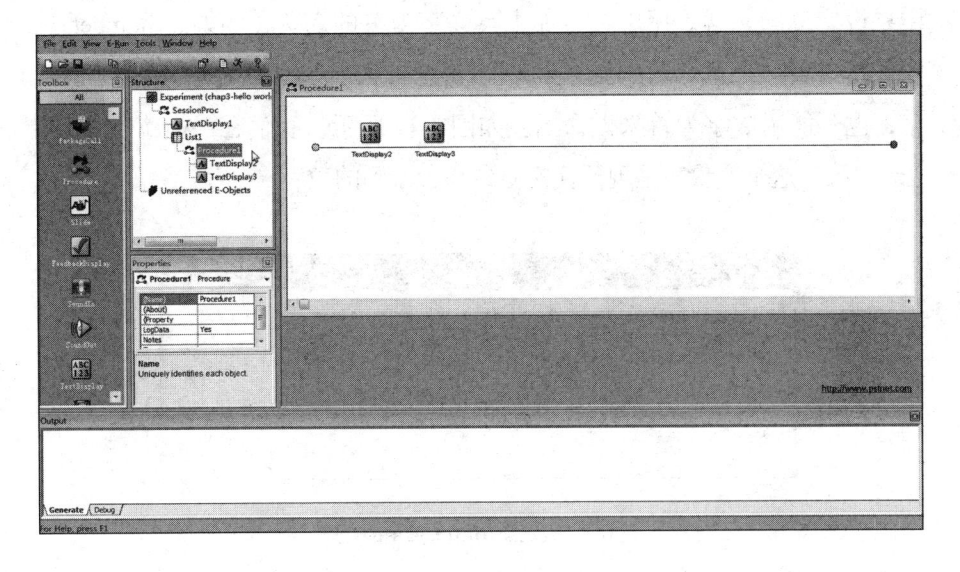

图3-9　设定Procedure1

第3章　写一个程序　/ 021

假定我们想要将 TextDisplay2 当作凝视点的画面，仅需要在 TextDisplay2 上点两下，并在空白的区块输入一个加号"+"即可，如图 3-10 所示。若没有做任何修改，TextDisplay2 会呈现 1000 毫秒，并且不会接受任何按键反应。一般而言，凝视点不会呈现那么长时间，所以建议可以透过 TextDisplay2 属性设定中 Duration/Input 分页，将 Duration 修改为 200~500 毫秒内的呈现时间，可以参考图 3-5 的设定。

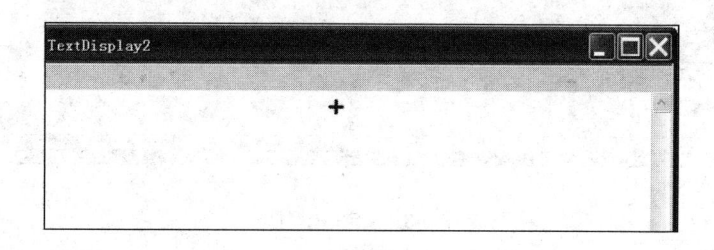

图3-10　设定TextDisplay2

有别于凝视点，TextDisplay3 要呈现数字，若我们仿照输入"+"字的程序输入一个数字，则每一个尝试都会看到同样的数字，这样就麻烦了。若每一个尝试要呈现不同的数字，则必须定义一个变量，然后在 List1 针对变量去做设定，如此一来就不会每个尝试都看到同样的数字了。在 E-Prime 中要设定变量，就是用中括号加上英文字为首的名称（例如：[number]），可以都用英文，也可以由英文为首再加上数字，但不可以没有英文仅有数字，也不能用数字为首来做命名。如图 3-11 所示，我们在 TextDisplay3 用"number"这个变量来呈现要让实验参与者看到的数字。

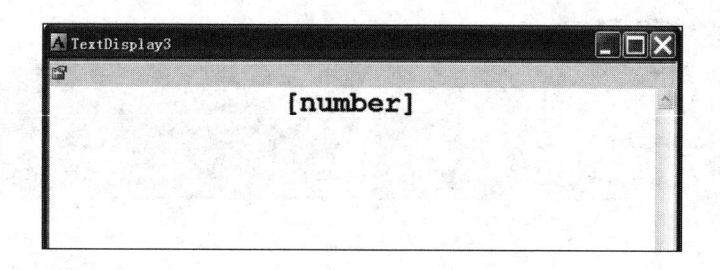

图3-11　设定TextDisplay3中的变量

又因为实验参与者需要针对看到的数字做判断，所以我们要修改 TextDisplay3 的属性，将 Duration 改为 (Infinite)，新增 Keyboard 为按键。假设我们希望实验参与者看到奇数时按 f 键、看到偶数时按 j 键，则要在 Allowable 输入 fj（不要用大写，若用大写 FJ，则实验参与者必须按下 Shift+F 才算完成按键！）。

另外需要设定正确答案，程序才能够帮我们记录实验参与者是否正确答题。大家联想我们设定数字为变量的逻辑，就应该可以想到答案也可以用变量来做设定，否则每一题的正确答案都会是相同的。在这里我们用 ans 这个变量来设定每个尝试的正确答案。请参考图 3-12 的图示。

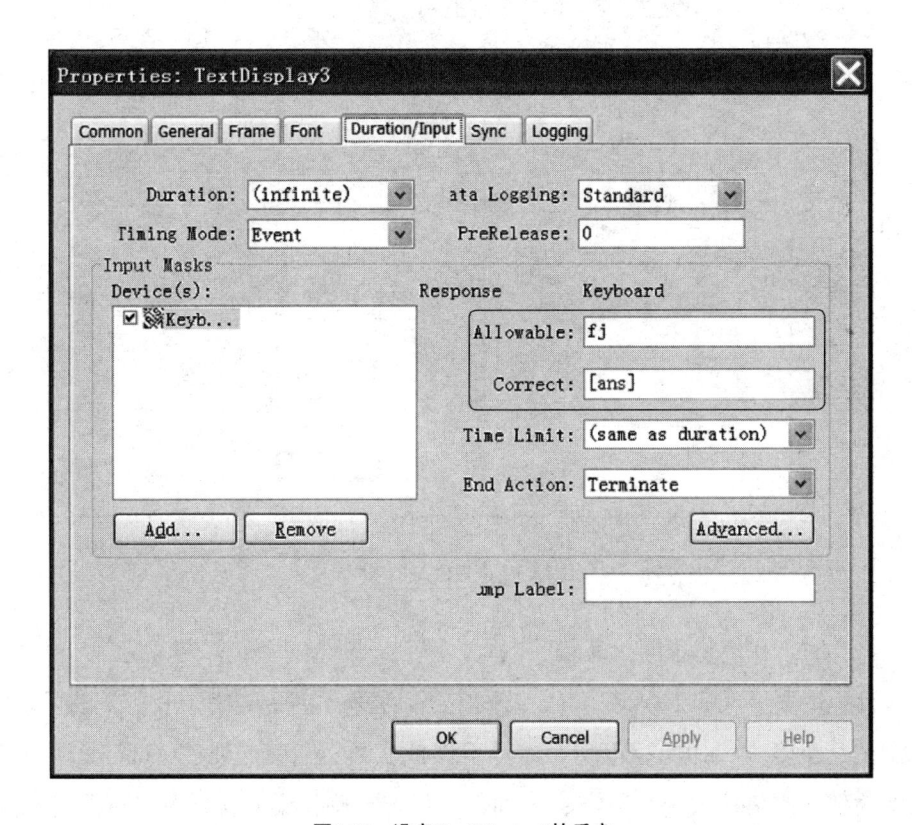

图3-12　设定TextDisplay3的反应

完成 Procedure1 的设定后，我们必须回到 List1 做一些修改。首先，我们必须在 List1 中加入刚刚已使用到的变量（E-Prime 程序中会以

"Attribute"来称呼这些变量）。因为刚刚我们设定了 number 及 ans 这两个变量，所以就需要新增两个字段，在 List1 的左上角有一些图示，请选择有两个箭头向右的那个按钮■，告诉程序你要加入两个"attribute"。完成后直接在"Attribute"上方点两下就可以重新命名，我们需要把一个命名为"number"、一个命名为"ans"（请注意大小写，要与 TextDisplay3 中的变量一模一样，否则程序可能会没有办法执行）。参考图 3-13。

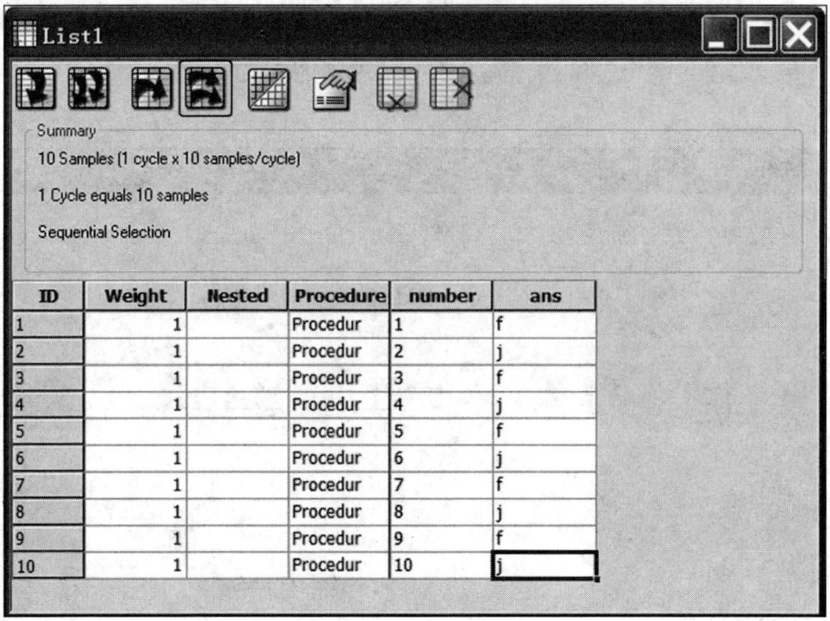

ID	Weight	Nested	Procedure	number	ans
1	1		Procedur	1	f
2	1		Procedur	2	j
3	1		Procedur	3	f
4	1		Procedur	4	j
5	1		Procedur	5	f
6	1		Procedur	6	j
7	1		Procedur	7	f
8	1		Procedur	8	j
9	1		Procedur	9	f
10	1		Procedur	10	j

图3-13 设定List1的内容

此时若我们将程序存盘然后执行，就会有两个问题：首先，我们并没有告诉程序要呈现哪个数字，也没有设定正确答案为何；再者，我们目前只设定了一个尝试。如何让程序知道要呈现什么数字，就需要在"number"下面的那个空格输入一个数字；同理，要设定正确答案，就是在"ans"下面那个空格输入正确答案。假设我们设定数字为 10，则答案要设定为 j，如此一来若实验参与者看到数字后按下 j 这个按键，系统就会标记实验参与者答对了!

再来，我们需要让这个程序多一些尝试，这个时候请按下左上方有两个箭头往下的那个按钮![img]，并且输入9，这样的动作会增加9行。请参照图 3-13 将数字及正确答案填满。

写到这边我们大致上就完成了，请大家存盘，并且转化程序代码（程序 3-3）。理论上大家会依序看到 1，2，3，…，10 这些数字。

设定随机呈现

在实验过程中，我们通常不希望刺激材料依序呈现，我们希望用一个随机序列的方式来呈现。要设定为随机呈现则需要按下在 List1 中有只小手的那个图示![img]，按下后会看到图 3-14 的画面，请选择"Selection"这个分页。在"Order"那边用下拉式选单选择"Random"，然后按下"Apply"就可以了。此时可以将程序存盘，再转化程序代码一次（程序 3-4），就会发现数字不是由小至大呈现了。

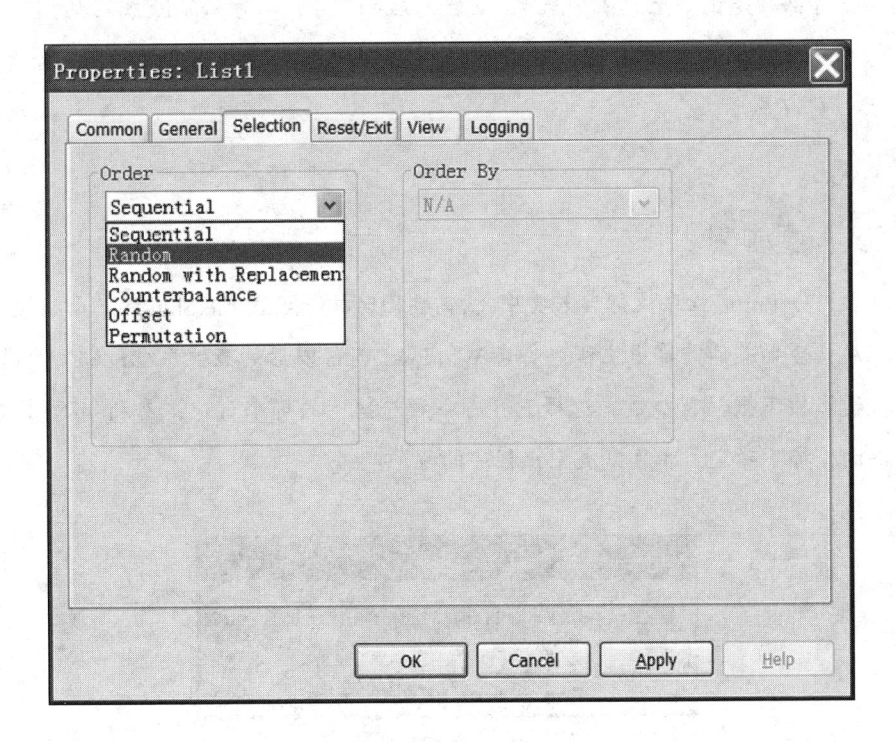

图3-14　设定List1随机呈现

小　结

若你读到这里，表示你已经懂得如何用 E-Prime 来写最简单的程序，若你有其他程序的基础，你应该就能够开始用 E-Prime 来撰写程序了。若你从来没有写过程序，也没有关系，接下来的章节会介绍其他细节的设定，让你能够掌握 E-Prime。

章节挑战

请用 E-Prime 写一个判断数字大小的程序，但实验的前半部分，数字必须是由小至大依序呈现；实验的后半部分，数字必须随机呈现。

提示：可以用两个不同的 List，虽然从实验参与者的角度并不会察觉有差异。

小诀窍

1. E-Prime 程序执行后若要中止，需要同时按下 Ctrl、Alt、Shift 这三个按键，程序就会知道你需要中止程序。在 Windows Vista 以后的微软系统，都需要通过键盘按下微软窗口键，选择 E-Prime 程序执行的那个窗口，看到如下图的画面，按下确定，才算完成中止程序的程序。

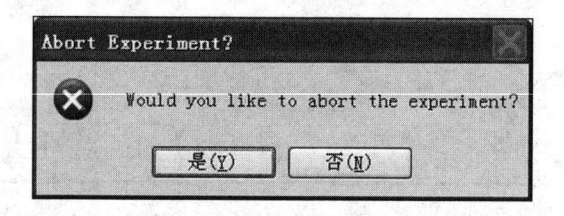

2. 任何由 Toolbox 拖曳至 SessionProc 的元素，都可以在 Browser 窗口下，通过 Ctrl+C 及 Ctrl+V，复制一个设定完全相同的元素（系统会自动更名）。

第4章
刺激材料的呈现

在第 3 章中，大家已经学会如何呈现文字，但其实 E-Prime 还可以呈现图片及声音，而且可以同时呈现多个不同的刺激材料，本章会针对刺激材料的呈现做介绍。

在介绍如何呈现不同的刺激材料前，我们要先告诉大家如何设定 E-Prime 呈现的分辨率，如图 4-1 所示，在 Experiment Object 上点两下，就会跳出一个画面（Properties: Experiment Object Properties），请选择 Devices 这个选项。在 Display 上点两下，就可以设定屏幕的分辨率了，这个部分可以视不同的需求来设定。过去屏幕大多为 4:3，但现在的屏幕大多为 16:9，设定分辨率时大家要考虑自身屏幕的比例，以免刺激材料失真。

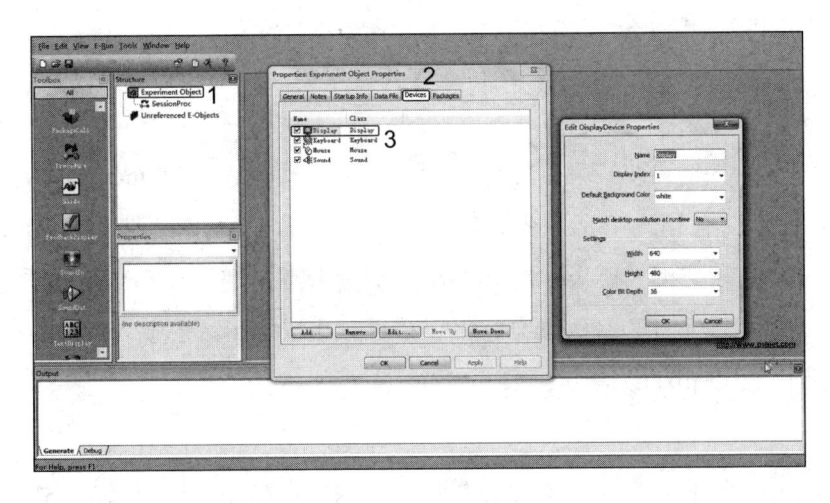

图4-1 设定屏幕分辨率

假设我们将屏幕设定为 1024×768，屏幕的最左上角的坐标为（0，0）、屏幕最右下角的坐标为（1024，768）。在设定刺激材料时，有时候会需要设定坐标，所以先提醒大家在 E-Prime 中屏幕的中央并非为（0，0）。

另外一个需要考虑的是屏幕的 Refresh Rate，这个要参考显示器的设定❶；所谓的 Refresh Rate 就是一秒内屏幕会更新几次，若 Refresh Rate 为 100，则表示每一秒屏幕会更新 100 次，每次所需要的时间为 10 毫秒。在这样的设定下，刺激材料的呈现就要以 10 毫秒或其倍数来做设定，否则会有

---

❶ 在 Display 下虽然可以针对 Refresh Rate 做设定，但仍要以屏幕本身的设定值为准，以避免呈现刺激材料时发生误差。

刺激材料呈现的误差，当刺激材料呈现时间愈短时，对误差会有越大的影响。例如在这样的设定下，若设定刺激材料呈现为 15 毫秒，则会有严重的误差；但若设定刺激材料为 10 毫秒或 20 毫秒，则仅会有些许的误差。

呈现文字刺激

在第 3 章的范例中，我们并没有教大家改变任何文字的设定，但其实在 E-Prime 中是可以针对颜色、字型、大小等做设定，大概除了不能用类似 Office Word 中的艺术字外，其他的设定都可以完成。

设定呈现的范围

在介绍如何更改文字相关的设定前，要先告诉大家 E-Prime 怎么将文字刺激呈现在画面上。首先，要请大家将一个 TextDisplay 拖曳到 SessionProc，然后按下左上方的按钮来修改 TextDisplay1 的属性。请选择 Frame 分页（如图 4-2 所示）上方 Size 的部分，可以用百分比或是用数字做设定，若只用数字时就是以 pixel 为单位。

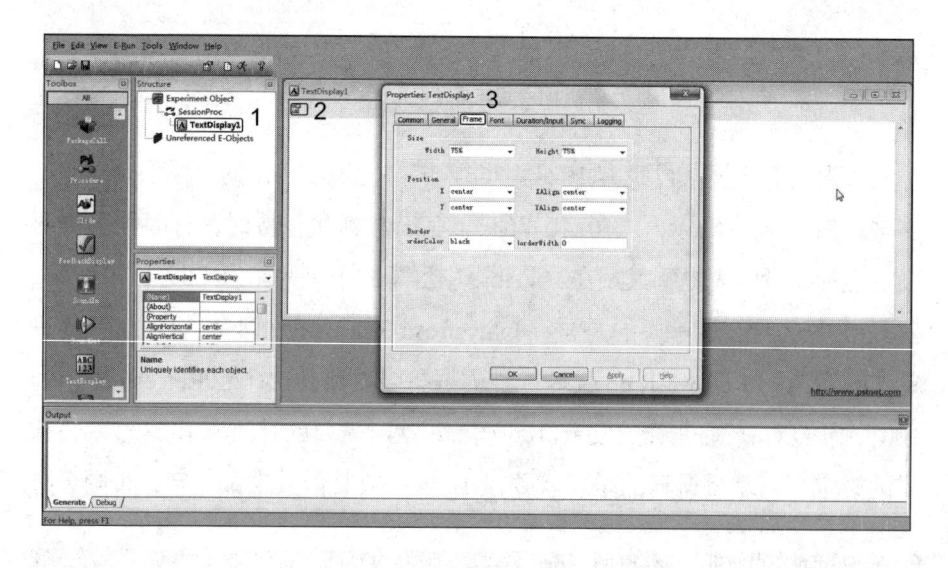

图4-2　设定Frame的大小

Width 和 Height 的默认值都为 75%，也就是说这个 TextDisplay1 在长及宽都占了屏幕的 3/4。若将 Width 和 Height 都改为 50%，TextDisplay1 就会只占屏幕（长宽各占一半）总面积的 1/4，其余的部分会是背景色❶。

下方 Position 的部分则是可以设定要把 TextDisplay1 放在屏幕的什么位置，X 和 Y 分别定义在屏幕上的 X 和 Y 轴的坐标，可以用百分比或是用数字做设定，若用数字则是以 pixel 为单位。

XAlign 和 YAlign 则表示是用 TextDisplay 的哪一个位置去对上 X 和 Y 所定义的坐标。默认值中 X、Y、XAlign、YAlign 都是设定为 center，也就是说会把 TextDisplay1 的中央位置放在屏幕中央。

若我们将 XAlign 改为 left，则是将 TextDisplay1 的左边放在屏幕的中央，所以画面的左半边会是背景色。请执行程序 4-1* 来做测试，在程序 4-1 中，画面上会呈现 Hello World 五秒钟，因为我们将背景的颜色设定为黑色、字设定为红色，然后只将 XAlign 改为 Left。执行后你会看到如图 4-3 所示的画面。

图4-3　程序4-1执行后呈现的影像

---

❶ 预设的背景色为白色，可以在修改 Device 时（参考图 4-1 设定的步骤），将 Display 的背景色改为别的颜色。

* 书中加星号的程序，可在百度云盘获取，网址：http://pan.baidu.com/s/1jIHELE2 提取密码：6fkp。

程序 4-2* 的范例中针对 TextDisplay 做不同的设定，图 4-4 中可以看到程序 4-2 中不同 Frame 的设定和屏幕上看到的对照画面。

在 Frame 分页中最下方的 Border，则是可以针对 TextDisplay 边框的大小及颜色做设定。当 Size 的 Width 和 Height 都设定为 100% 时，修改 Border 的设定是没有意义的。

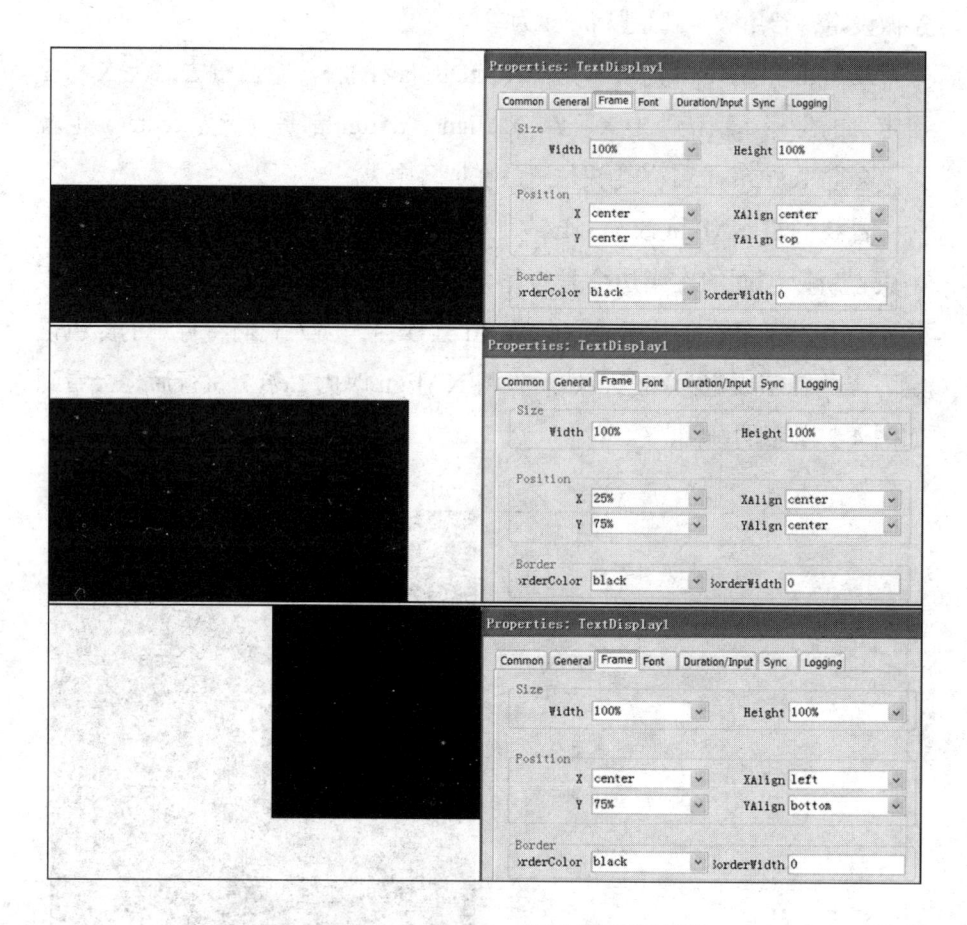

图4-4　程序4-2中不同Frame设定和其对应的影像

设定呈现的内容

要请大家将一个 TextDisplay 拖曳到 SessionProc，然后按下左上方的按钮来修改 TextDisplay1 的属性。请点选 General 的分页，在 Text 的部分，可以直接输入要呈现的文字，也可以利用变量的设定来呈现文字（如图 4-5 则

是用 [number] 来设定题号）。

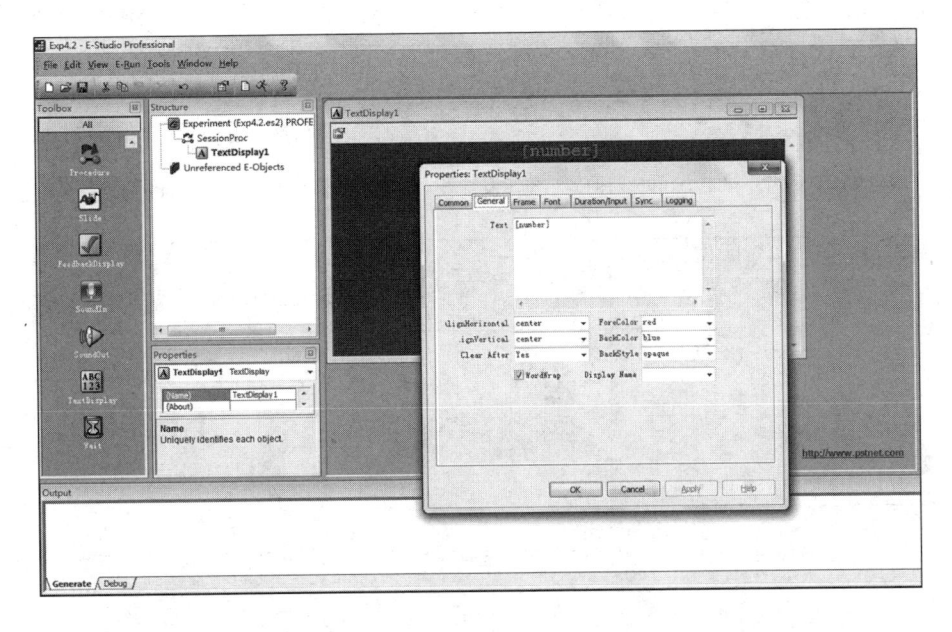

图4-5 设定TextDisplay1一般的属性

下方的 AlignHorizontal 是设定文字在整个画面中的 X 轴要如何对齐，默认值是将文字放在 X 轴的中央，除了下拉式的选项外，也可以输入数字，以 pixel 为单位；同理 AlignVertical 则是针对 Y 轴做设定。在下方 Clear After 则是设定 TextDisplay1 呈现后是否要将画面清除，当所有的画面 Size 的 Width 和 Height 都设定为 100% 时，这个选项的设定影响不大。但是若 TextDisplay1 设定为 100%，而之后画面的 Width 和 Height 设定为 50%，则在看到后续画面时，TextDisplay1 还是会被看到，所以建议要永远选择"Yes"❶。

右方的 ForeColor 是设定前景的颜色，可以用下拉式选单，或是可以输入颜色的 R，G，B 值（直接输入数字即可，例如白色为：255，255，255）；BackColor 则是设定 TextDisplay1 背景的颜色❷。Backstyle 则是设定背

---

❶ Clear After 只会针对前景呈现的内容做清除，所以若 BackColor 有更改时，即使已勾选 Clear After，只要新的物件无法完全盖住旧的物件，就会有残存的颜色留在画面上。

❷ 若 TextDisplay1 中 Size 的 Width 和 Height 并非占满屏幕时，会在 TextDisplay1 没有占据的区域看到背景色。

第 4 章 刺激材料的呈现 ／033

景颜色是否会被看到，选择默认值 opaque（不透明）时，会看到 BackColor 所设定的颜色；若选择 transparent（透明）时，则会看到白色，也就是屏幕默认的背景色；建议除非必要，不要选择 transparent。请参考表 4-1 的说明。

表4-1　Frame尺寸不设定为100%时的颜色设定及结果（假设背景色为绿色、ForeColor为黑色）*

BackStyle \ BackColor	红色	白色
Opaque	TEST	TEST
Transparent	TEST	TEST

* 画面上虚线的框都是不存在的，仅为了让大家了解有边界的存在。较深色的部分为红色，较浅色为绿色。

从表 4-1 中可以发现，当 BackStyle 设定为 Transparent 时，BackColor 即使设定为不同的颜色，最后结果也是相同的，因为背景色都不会被看到。另外值得注意的是，因为背景色预设为白色，若 BackColor 也设定为白色时，其实不容易察觉原来画面有可能并非占满整个屏幕，需要特别注意。

最后 WordWrap 则是设定是否要让 E-Prime 自动帮你将文字换行。图 4-5 中，我们将 ForeColor 改为 red、BackColor 改为 blue，所以会看到蓝底红字的画面。

在 Font 这个分页可以针对文字的字型、大小等做设定，因为这和一般软件的定义都相同，就不另外做介绍。

呈现图片刺激

在 E-Prime 中要呈现图片有两种方法，一种是用 ImageDisplay，另一种是用 Slide（也可以用来呈现文字），我们先介绍用 ImageDisplay 的方式来呈现图片。首先要请大家将 ImageDisplay 拖曳到 SessionProc，此时就会看到如图 4-6 的画面。按下左上方的按钮，会看到图 4-7 的画面，就可以针对图片的属性做设定。

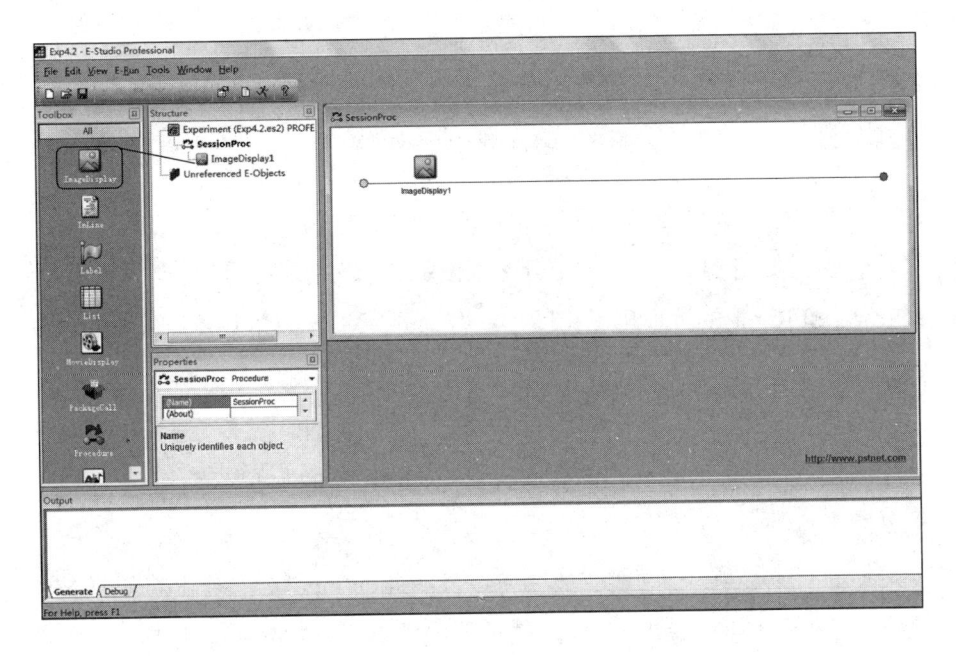

图4-6　拖曳ImageDisplay到SessionProc

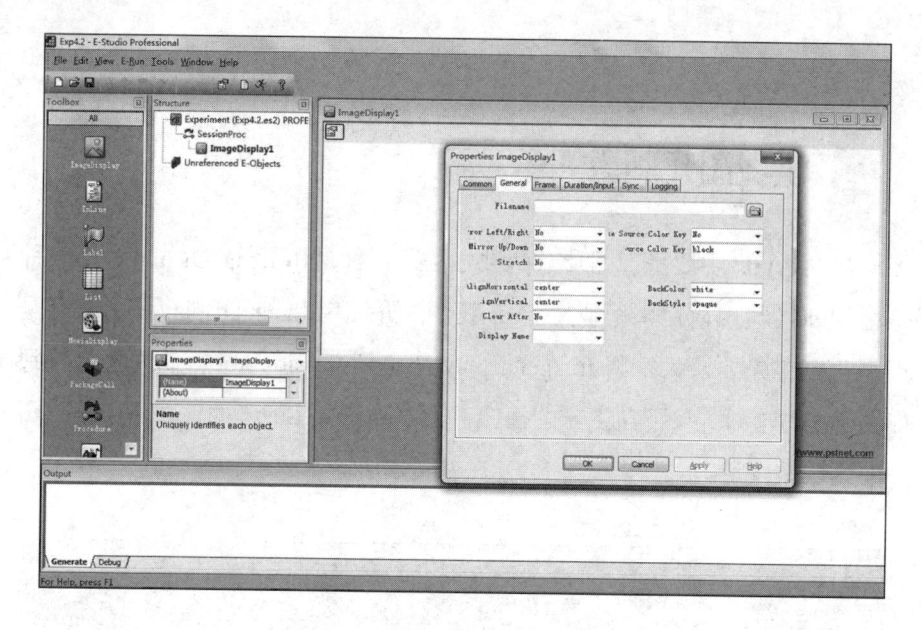

图4-7 设定ImageDisplay1的属性

属性设定的部分基本上和 TextDisplay 相同，除了在 General 这个分页上多了一些选项。在 Filename 的部分必须设定一个文件名,或是设定一个变量。Mirror Left/Right 的选项可以将图片左右颠倒，Mirror Up/Down 则可以将图片上下颠倒。Stretch 的部分则是设定是否要将图片调整为和 ImageDisplay1 的 Size 同尺寸❶。上述三个功能的设定默认值都是 No,其实一般情境下也确实不需要这些功能。在右边的 Source Color Key 功能较为复杂，请参考脚注的说明❷。

另外一个提醒大家可以做设定的为 Duration/Input 分页下 PreRelease 的选项，这个选项在 TextDisplay 属性分页下也有，主要的功能是先将要呈现的刺激材料暂存在缓冲区，以免之后呈现时造成延迟。文字档案通常较小，

---

❶ 若图片较 frame 的尺寸大，则会缩小至与 frame 同样大小；若图片较 frame 的尺寸小，则会放大至与 frame 同样大小。缩放并非等比例的，而是将图片缩放至与 frame 同样的大小。

❷ Use Source Color Key 若设定为 Yes，则 E-Prime 会将图片中有 Source Color Key 设定的颜色转变为透明的，例如若设定为 Yes 且 Source Color Key 设定为 black，则图片中黑色的部分都会变为透明的，同时 BackStyle 也要设定为 transparent。这个功能在要将图片重叠在一起时会相当实用。这个设定功能和只把 BackStyle 设定为 transparent 不太相同，因为 BackStyle 的设定并不会让图片的某些区块变为透明的，而是当 ImageDisplay1 Size 的 Width 和 Height 没有设定为 100% 时，未占满的区域都会显示为白色。通常搭配 Slide 才会使用 Source Color Key 的设定。若 Refresh Rate 的设定和刺激材料呈现时间不能配合，则会有呈现上延滞的问题。

所以不设定通常也不会有影响；但图片的部分建议可以设定为 100 ~ 200，以毫秒为单位。

利用Slide呈现多个不同的刺激

在实验中有时候需要呈现多个刺激，一种做法是把这些刺激利用别的软件合并为一张图片，但这种做法耗时，有时候也不符合实验需要，例如要随机呈现两张图片，让实验参与者判断哪一张图片比较大时，就不适合用这样的方式。这个时候我们就需要使用 Slide。首先请拖曳一个 Slide 到 Session Proc，然后在 Slide1 上点两下，就会看到如图 4-8 的画面。

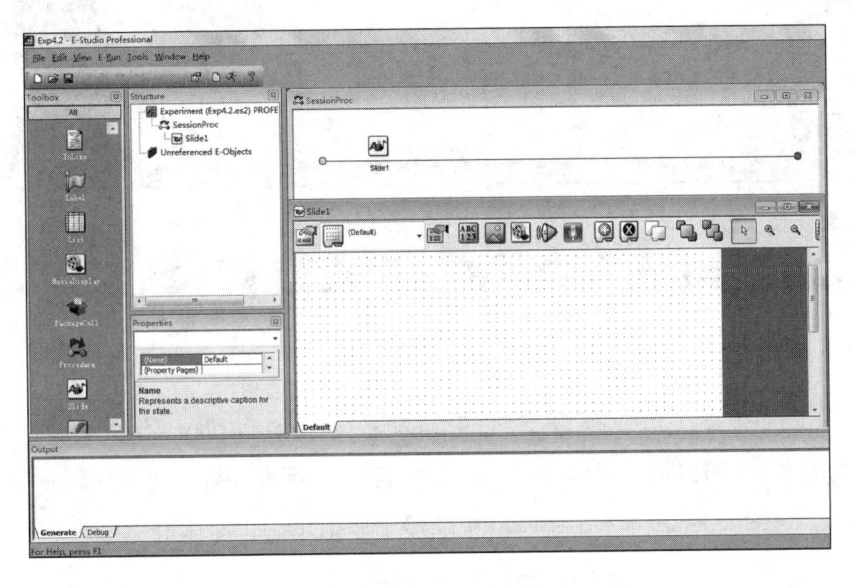

图4-8　Slide的选项设定

图 4-8 上方可以看到有很多选项，从最左边开始，是可以增加一个 TextDisplay 的元素、是可以增加一个 ImageDisplay 的元素、是可以增加声音的元素❶。其他的功能暂时先不做介绍。另外一个要请大家注意的，是在属性图标左边的下拉式选单，建议初学者多利用这个选单来选择要

---

❶ 声音的部分会在下一个段落做介绍。

设定哪一个元素的属性。

现在要请大家按▦，然后在 Slide1 空白的区域上再单击，就会产生 Text1 这个元素，在那个下拉式选单就可以看到有新增了一个 Text1 的选项。另外要请大家单击▦，同样的在 Slide1 空白的区域上再单击，就会产生 Image1 这个元素，此时下拉式选单会增加一个 Image1 的选项，请参考图 4-9。

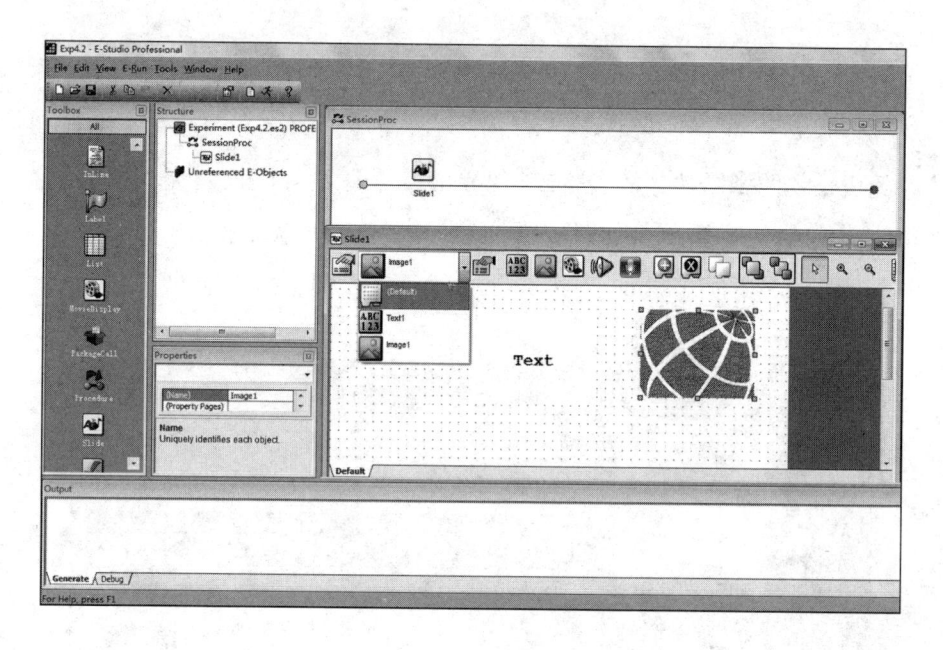

图4-9　新增Slide上的元素

Slide 上文字和图片元素属性的设定和先前 TextDisplay 与 ImageDisplay 的完全相同，所以就不另做介绍。但要提醒大家，因为 Slide 上面放很多东西，所以对于各个元素大小及摆放位置的设定要更小心，安排好位置之后才会看起来很整齐，不会让一些元素跑到画面外。

一旦 Slide 上方有一个元素（不包含声音的部分），则会看到选项设定那边有两个图示变为可以按的了，用▦▦这两个图标可以设定当元素们重叠时，哪一个元素会被放在上方。

设定多个元素的位置

有些时候我们需要把几个固定要呈现的东西随机放在屏幕的不同位置

上，利用 Slide 就可以轻易完成这样的设定。在这里我们用一个例子让大家知道如何利用 Slide 随机呈现多个元素，首先要请大家新增四个 Text 元素在 Slide1，分别会是 Tex1、Text2、Text3、Text4，请根据表 4-2 去修改 Text1 至 Text4 的属性。

表4-2　设定Text1至Text4的属性

	呈现刺激	Fore Color	x position	y position
Text1	1	Red	300	200
Text2	2	Green	600	200
Text3	3	Blue	300	400
Text4	4	Yellow	600	400

请参考程序 4-3*，可以看到这样的设定所呈现的结果。

呈现声音刺激

在 E-Prime 中要呈现声音刺激相对麻烦，因为声音文件太大，可能造成程序的延误甚至客机。

这个问题有两个可能的解决方式，第一个方法是确认你目前的程序是否为最新的版本，理论上 E-Prime 在开始时都会确认是否有更新的版本。通常使用最新的版本应该就不会有问题，因为 E-Prime 2.x 在这个部分做了很多增强，一般实验中会用到的文档大小应该都不会有问题。假设这个方式行不通，则需要针对声音文档的播放做设定，可利用一些转文件的程序去改变声音文件的格式。

设定声音文档的缓冲区

首先，要请大家将一个 SoundOut 元素拖曳到 SessionProc。请在 SoundOut1 上点两下，就会看到如图 4-10 的画面。在 General 分页下，可以修改 Buffer Size 来解决缓冲区太小的问题。

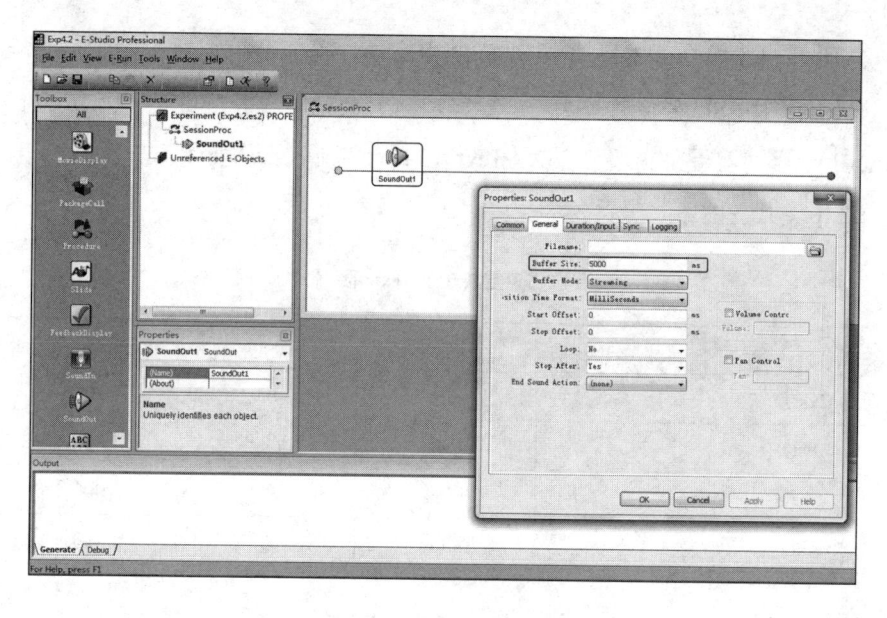

图4-10 设定SoundOut1的属性（1）

另外一个做法是在 Duration/Input 分页下，修改 PreRelease 的数值（参考图4-11），但若设定值太大也会有问题，建议设定为 100 即可，也就是 100 毫秒。

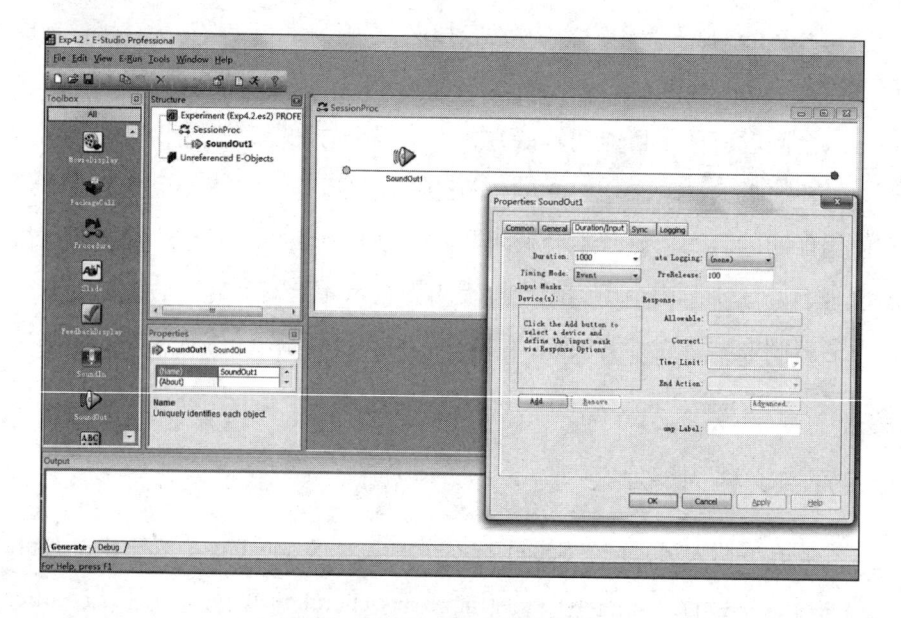

图4-11 设定SoundOut1的属性（2）

设定声音文档的播放

如图 4-10 所示，首先要设定要播放的文档为何，可以在 Filename 的字段设定一个特定的文档，或是设定一个变量都可以。Start Offset 和 Stop Offset 则是可以设定要从声音文档的哪一个段落开始播放及结束，单位以毫秒来计算。这个部分可以用实际上的数字或是变量来做设定，但须确定设定的值不会大于声音文档的长度，否则会有问题；例如声音文档只有 30 秒，若设定为 45000（45 秒），则会有错误讯息。

下面三个选项（Loop、Stop After、End Sound Action）有连带影响的关系，首先 Loop 是设定声音文档是否要重复播放，若选择为 No，则只会播放一次就停止。假设我们将 Loop 设定为 No，Stop After 的选择只有在一种情形下有影响，就是当声音文档的长度比 SoundOut1 Duration 的设定长时。假设声音文档有 10 秒，但 SoundOut1 的 Duration 仅设定呈现 8 秒；此时若 Stop After 设定为 Yes，则声音只会播放前 8 秒；但若设定为 No，则会完整播放，即使已经跳离 SoundOut1 的画面了。

End Sound Action 的设定则有些微不同，这个是设定当声音文档已经播放完毕，要采取什么动作。若设定选择为 Terminate，则声音文档播放结束后会跳离这个画面，不论 SoundOut1 Duration 设定为多长。但若声音文档比 Duration 的设定长，则 End Sound Action 的选项就没有意义了。请参考表 4-3 及表 4-4。

从表 4-3 及表 4-4 可以发现这三个选项设定间错综复杂的关系，从另外一个角度想，E-Prime 提供了很大的弹性，让大家可以自由决定声音文档该如何呈现。在大家还搞不清楚状况时，会建议 Loop 设定为 No，Stop After 设定为 Yes，End Sound Action 设定为 None，把声音文档呈现的长短交给 Duration 去做设定。❶

---

❶ 在一般情境下，其实很少独立呈现声音文档，若需要单独呈现声音文档，其实都是希望可以让声音当作是背景刺激。此时，其实通常 Loop 会设定为 Yes，Stop After 会设定为 No，End Sound Action 设定为 None。但这样的设定会让音乐一直播放，需要另外搭配一个 Inline，里面只要写"SoundOut1.stop"即可，Inline 的部分在后面的章节会再做介绍。

表4-3　声音文档长度长于SoundOut1 Duration时的设定及结果

Loop	Stop After	End Sound Action	结果
Yes	Yes	None	声音不会完整播放，跳到下一个画面时，声音就会停止
Yes	Yes	Terminate	声音不会完整播放，跳到下一个画面时，声音就会停止
Yes	No	None	声音会持续播放，除非有另外的指令中止声音的播放
Yes	No	Terminate	声音会持续播放，除非有另外的指令中止声音的播放
No	Yes	None	声音不会完整播放，跳到下一个画面时，声音就会停止
No	Yes	Terminate	声音不会完整播放，跳到下一个画面时，声音就会停止
No	No	None	声音会持续播放，但完整播放一次就会停止
No	No	Terminate	声音会持续播放，但完整播放一次就会停止

表4-4　声音文档长度短于SoundOut1 Duration时的设定及结果

Loop	Stop After	End Sound Action	结果
Yes	Yes	None	声音会持续播放，直到呈现时间等于SoundOut1 Duration的设定时，才会跳到下一个画面
Yes	Yes	Terminate	声音会持续播放，直到呈现时间等于SoundOut1 Duration的设定时，才会跳到下一个画面
Yes	No	None	声音会持续播放，除非有另外的指令中止声音的播放
Yes	No	Terminate	声音会持续播放，除非有另外的指令中止声音的播放
No	Yes	None	声音播放一次后就停止，但不会跳到下一个画面，直到呈现时间等于SoundOut1 Duration的设定时，才会跳到下一个画面
No	Yes	Terminate	声音播放一次后就停止，立刻会跳到下一个画面
No	No	None	声音播放一次后就停止，但不会跳到下一个画面，直到呈现时间等于SoundOut1 Duration的设定时，才会跳到下一个画面
No	No	Terminate	声音播放一次后就停止，立刻会跳到下一个画面

　　Volume Control 和 Pan Control 一般较少使用，除非程序是要设定的很有互动性，且需要用户来调整音量，否则不会做勾选，这里也不多做介绍。

在Slide中加入声音文档

在多数情形下，我们不会单独播放声音文档，通常是在 Slide 中加入声音元素。其实在 Slide 中加入声音元素和加入其他元素一样，都是将元素直接放到 Slide 上，其他的设定都相同。

呈现影片刺激

影片刺激的呈现和声音文档的设定大致上相同，所以就不另外多做介绍，需要注意的事项请参考呈现声音刺激的段落。

小　结

本章介绍如何呈现刺激材料，但其实刺激材料的呈现可以相当多元，要看大家实验的需求，应该说任何需求都可以完成。❶ 当然有些需要搭配语法的运用，在后面的章节会做详细的介绍。

章节挑战

1. 在屏幕的上下左右分别呈现一个色块，其中三个为红色、一个为绿色，请实验参与者判断绿色色块在哪一个位置。

提示：善用变量来设定 BackColor。

2. 写一个程序，请实验参与者判断画面上出现的图片及文字描述是否为相同的对象。

提示：善用 Slide 功能即可以达成。

---

❶ 呈现的限制大多来自于 E-Prime 结构本身，例如若想要让实验参与者感觉把一个东西拖曳到另一个位置，这在目前电脑操作上是相当普遍的，但在 E-Prime 当中要呈现这样的感觉却较困难，因为要同时抓到光标所在的位置，又要更改物件的光标，不过还是做得到的。

3. 写一个程序，请实验参与者判断画面上出现的动物图片及所听到的声音是否匹配。

提示：善用 Slide 功能即可以达成。

小诀窍

在 Slide 中可以灵活运用 TextDisplay 及 ImageDisplay 对象的结合来呈现不同的讯息；例如一个程序中用一个图片恭喜实验参与者得到几分，若针对每个分数都要作图，除了浪费时间，也会占去较大的硬盘空间。其实可以用一个背景图，分数的部分则是用 TextDisplay 的变量做设定；另外记得要把 TextDisplay 的 BackStyle 改为 Transparent，并且将呈现顺序设定在 ImageDisplay 上方即可。

第 5 章
反应输入的设定

在第 3 章已稍微介绍如何设定反应的输入，在本章会做更完整的介绍。后面几个段落的反应输入会涉及 Inline 语法，建议读者可以暂时略过，待熟悉语法的运作后再来阅读。

不论使用 TextDisplay、ImageDisplay 或是 Slide，在输入设定的部分都是相同的。我们就以 Slide 来做介绍，因为有些较复杂的输入方式仅适用 Slide 的情境。在介绍如何设定不同输入前，要告诉大家如何确认程序会记录你所需要的反应。首先要请大家拖曳一个 Slide 到 SessionProc，并且点两下进入 Slide 属性设定的页面，选择 Logging 分页，会看到如图 5-1 所示的画面。要确定 ACC、RT 一定有勾选，这样才会记录实验参与者的正确率及反应时间。另外也会建议勾选 RESP，可以知道实验参与者实际按的什么键；勾选 OnsetDelay 可以知道画面呈现的时间和设定要呈现的时间之间是否有误差。

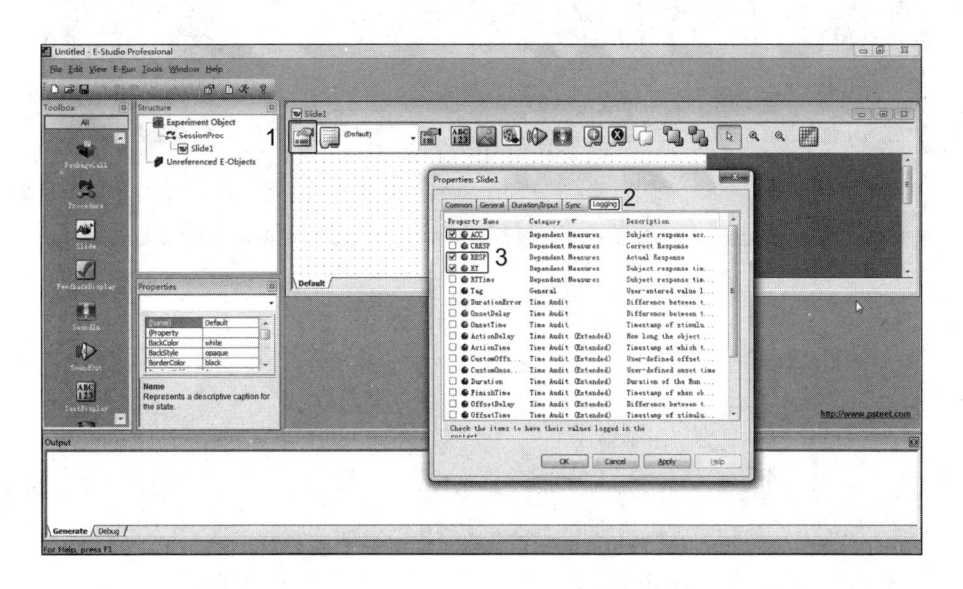

图5-1　确认程序会记录相关的反应

用键盘输入

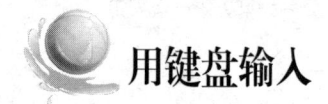

在 Slide1 属性设定的页面下，选择 Duration/Input 的分页，会看到如图 5-2 所示的画面。

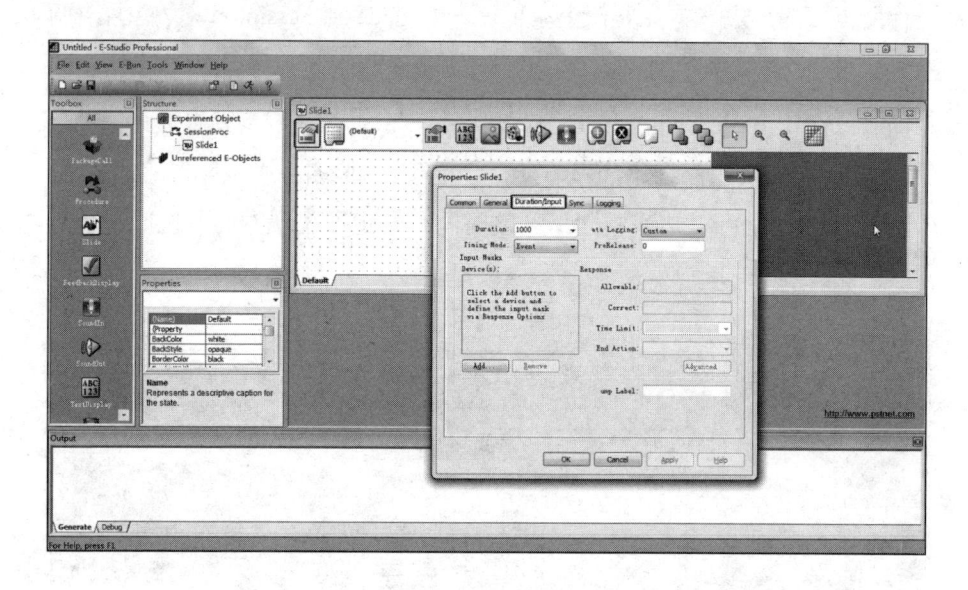

图5-2 设定输入形式

键盘输入基本设定

首先 Device 的部分要先增加 Keyboard，即按下 Add 后，在键盘上方点两下就可以了，此时会看到画面上本来灰色的区块，现在也变为可以输入的，如图 5-3 所示。Allowable 的部分可以设定程序会对哪些按键做反应，若正确答案（假设为 f 键）没有设定为 Allowable，则即使实验参与者按了正确的按键，程序也不会判定实验参与者答对，而是会认为实验参与者还没有作答。

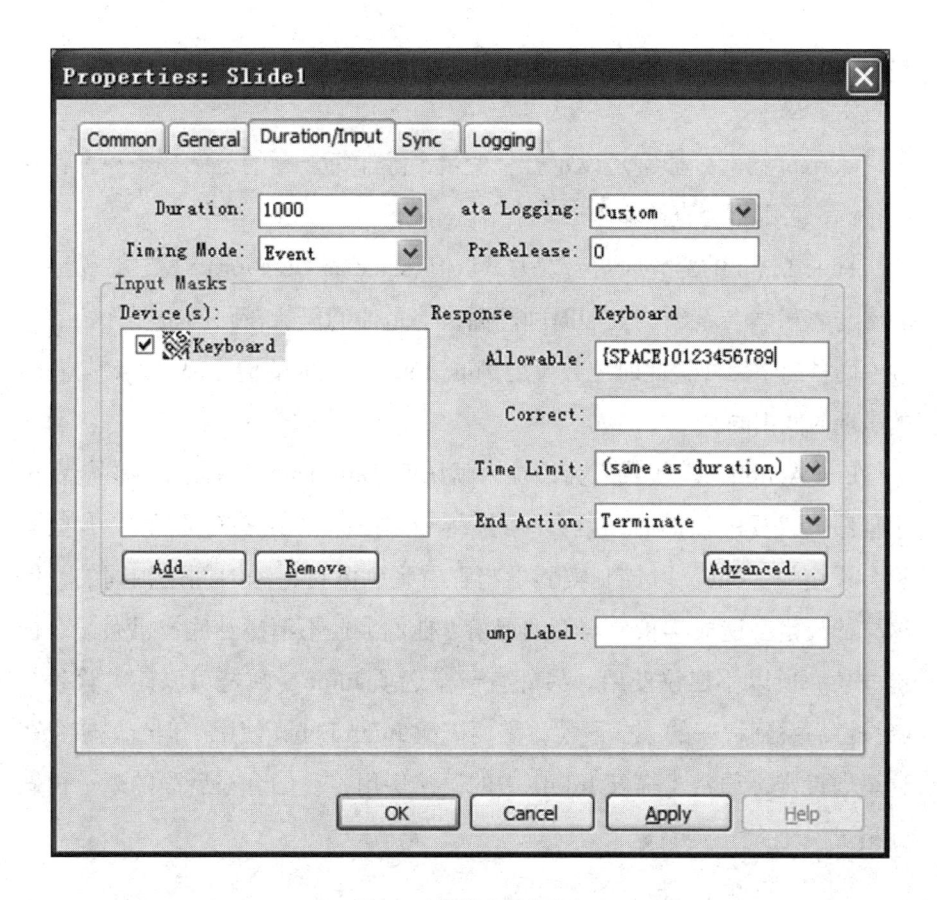

图5-3 新增键盘后的改变

若要设定可以输入多个按键，则要在 Allowable 中做设定，字母和数字直接输入就可以了，假设要实验参与者用 0~9 的数字来做反应，则在 Allowable 中直接输入 0123456789 即可。但若是要实验参与者使用像空格键等非由一个单一字节定义的按键，则需要用 { } 把字节包住，例如空格键就是要用 {SPACE} 来代表。大家可以参考 E-Prime 使用手册，就知道不同按键要如何做设定。假设需要把空格键和数字键都设定为实验参与者按了后程序会有所反应，直接把 {SPACE}0123456789 输入在 Allowable 就可以了，以此类推。

再次提醒，不要将按键设定为大写的英文字母，否则实验参与者必须要按下 Shift 及特定的字母按键，才算是输入了正确的答案。除此之外，若没有通过进阶设定修改 Max Count（参考键盘输入进阶设定），程序基本上只会记录实验参与者所按下的第一个按键,有可能是 shift 键或是那个特定的英文字母。

Correct 的部分通常是设定一个变量,除非每一题的答案都是某个特定的按键,否则不会直接输入一个字节。

Time Limit 的部分通常会设为默认值 (same as Duration),除非你希望实验参与者虽然会看到较长的时间画面,但是他们仅能在画面呈现开始的一秒或两秒内做反应,此时才会设定 Time Limit。一般的情形都是设定与画面的呈现时间相同。

End Action,一般我们会设定为默认值 Terminate,所以实验参与者按了程序会接受的按键后,就会跳到下一个画面(不论答对与否)。有些实验会设定为 None,以控制实验参与者看到刺激材料的时间是相同的,但这样的设定会造成实验参与者的混淆,他们会搞不清楚到底自己有没有按键成功,所以不建议使用。另外有一个选项 Jump,则是可以让实验参与者按键后跳到程序的某一段落,需要搭配 Jump Label 使用。但一般较少在这里做设定,通常是搭配 Inline 中的语法使用,我们会在后面的章节再做介绍。

键盘输入进阶设定

在大多数的情境下,每一题通常只会有一个正确答案,但有的时候可能会有两个正确答案。如果很天真地认为设定两个变量,都放在 Correct 那个字段,就会发现怎么实验参与者每一题都答错。根据使用的版本有两种不同的做法,若使用的是 2.0 Professional 版本,则可以在 List 中设定答案变量的字段中,用 "," 来设定多个答案,如图 5-4 所示,在 answer 字段中若填入 "a,b,c",则设定正确答案为 a、b 和 c。倘若使用的版本为 2.0 Standard,则一定要用 inline 的语法来做设定,在第 9 章会做介绍。

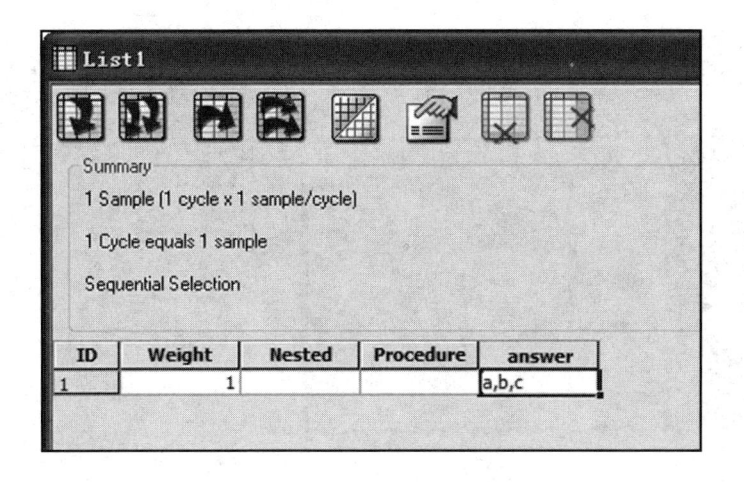

图5-4　新增第二个键盘后的画面

接下来要介绍在 Duration/Input 分页下有一个 Advanced 的设定，在这里仅针对 General 分页的部分做设定，请参考图 5-5 的图示。Max Count 是定义究竟实验参与者可以按几个键，通常是设定为 1，所以只要按了一个按键就会跳离这个画面。但有些时候可能需要实验参与者输入多个按键[1]，则需要改变 Max Count，但若 Max Count 设定数字太大，也会有问题，因为实验参与者按键的次数没有超过 Max Count，则会一直停留在这个画面，直到超过画面设定的 Duration 为止。

若要避免上述的问题，一个可能的做法是设定 Termination Response，这个设定就是告诉程序，如果实验参与者按了哪个键，即使总按键数目尚未超过 Max Count，也会跳到下一个画面。例如若 Termination Response 设定为 1[2]、Max Count 设定为 5，则若实验参与者按下 1，就会立刻跳到下一个画面；但同样的设计，只要实验参与者没有按 1，就算他已经按了四个按键，也不会跳到下一个画面。User Tag 提供实验者可以做一些标记，这不一定需要做设定。

---

[1] 假设需要实验参与者输入一连串的数字或是英文字母，则需要做此设定。但也可以利用 AskBox，此章节稍后会做介绍。
[2] 记得要把 Termination Response 所设定的按键也定义为 Allowable，否则就没有办法通过按所设定的按键而跑到下一个画面。

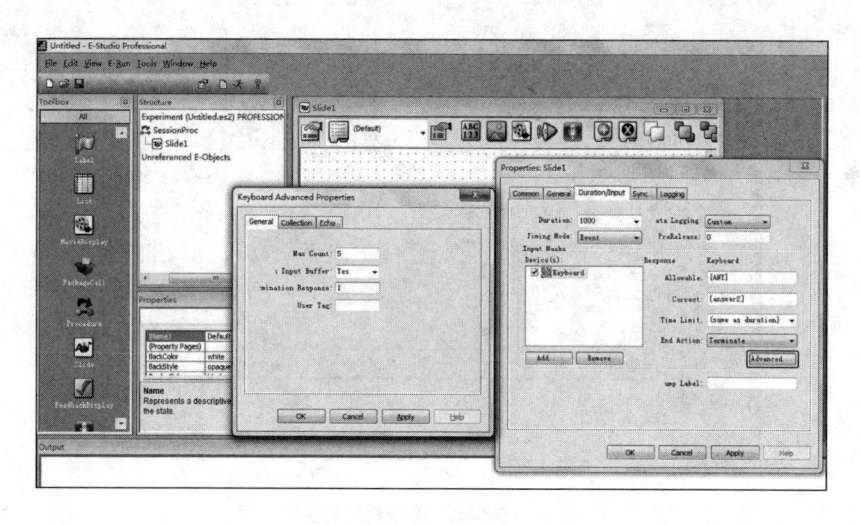

图5-5　针对Duration/Input进阶功能做设定

用鼠标输入

回到图 5-2，若此时选择新增的 Device 为鼠标，则会看到如图 5-6 所示的画面。鼠标基本上就是设定左右键，左键是 1、右键是 2，所以在 Allowable 可以设为 {ANY} 或是 12 都可以。正确答案的部分建议设定为变量即可。其他部分和键盘输入相同，就不另外做介绍。

图5-6　新增鼠标后的改变

同时用键盘和鼠标

在一些很特殊的情境下,可能会同时需要(或两者择其一)键盘及鼠标作为输入的媒介,此时可以在 Device 下除了新增 Keyboard 外,也新增 Mouse,然后分别设定正确答案即可。

假设看到一个画面时,需要实验参与者用键盘及鼠标分别输入答案时,则需要透过进阶设定内边将 Max Count 至少改为 2,否则在用键盘或是鼠标输入第一个答案后,就会跳到下一个画面。

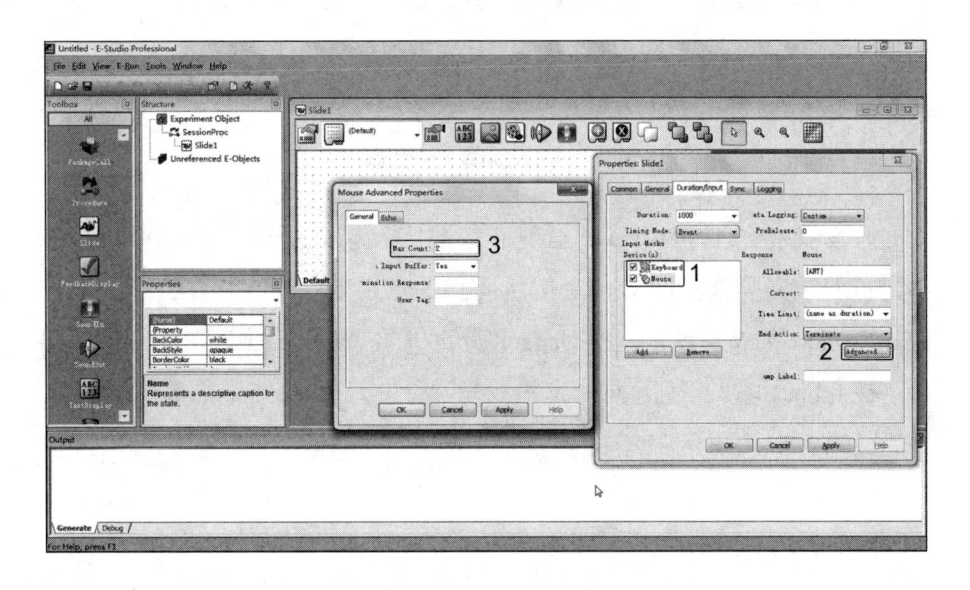

图5-7 同时设定键盘及鼠标

用AskBox做输入

有些时候我们会需要实验参与者看到自己输入的答案,尤其当他们需要输入一连串数字或英文字母时,此时就需要用到 Inline 的功能来做输入。首先请拖曳一个 TextDisplay 到 SessionProc,接着拖曳一个 Inline 到 SessionProc,就会看到如图 5-8 所示的画面。

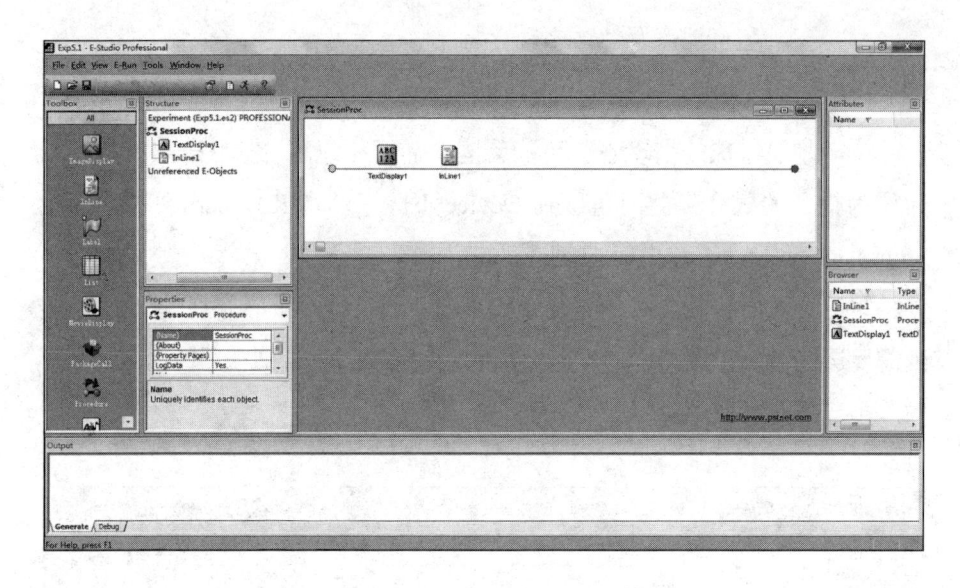

图5-8 用AskBox输入的前置作业

假设我们在 TextDisplay1 呈现一串数字，这个画面只会呈现 1000 毫秒，接着我们需要实验参与者把所看到的数字都打出来。要特别注意在 TextDisplay1 的属性设定，把 General 分页下的 Clear After 设定为 Yes[1]。接着要在 Inline1 输入下列字样，这里我们暂时先不针对 Inline 的部分作说明，在后面的章节会作详细的介绍。

dim Answer as String
Answer = askBox("Please type the numbers.")
c.SetAttrib "EnterResponse.RESP", Answer

此时，请存档，TextDisplay1 没有呈现任何数字也没有关系（程序 5-1*）。执行后，在 TextDisplay1 呈现 1 秒后，就会看到如图 5-9 所示的画面。此时，实验参与者仅需要在白色框框内输入，之后按下 OK，就可以进到下一个画面。用这样的输入方式固然也不错，但关于正确率的部分需要另外用 Inline 来做设定，再者，反应时间的数据也没有参考价值，因为有时候他们可能

---

[1] 因为 AskBox 是跳出来一个小的视窗，并不会占满整个屏幕，所以若前一个画面没有设定要 Clear After，则看到小视窗的同时也会看到前一个画面的残影。

会修正答案，等等。再者，若实验参与者在输入的过程不慎按下"["或是"]"，则程序会当机；所以除非必要，不建议使用 AskBox 作为输入的媒介。

图5-9　AskBox的荧幕截图

小　结

本章介绍的是利用基本配备的输入方式，其实也可以选配 E-Prime 的麦克风、ResponseBox、游戏杆等设备，在此就不作介绍。另外鼠标输入的部分，其实也可以让实验参与者在画面上点选任意区块，例如，用一个喜好度评比的量尺，让实验参与者点选；但因为这个部分涉及较复杂的 Inline 设定，我们会在后面的章节再介绍。

章节挑战

1. 写一个程序，实验参与者可以针对数字的奇偶数或是否为大于 50 的数字来做判断，只要其中一个答案对就算正确。
提示：针对这两个不同的问题要设定完全不同的按键来作答。
2. 写一个程序让两位实验参与者可以同时作答。
提示：可以利用键盘加上鼠标，让两位实验参与者可以同时作答。

小诀窍

1. 指导语务必说明清楚实验参与者该如何作答，有时候也会在实验参与者需要按键的画面出现提示，告诉实验参与者该如何作答。

2. 设定正确答案的按键时，建议不要设定在键盘上太接近的两个按键，也不要设定意义上会有冲突的按键，例如当实验参与者认为题目为正确时，请他们按"x"来做判断。这些有意无意的设定，都会对结果有影响。

3. 若在按键设定修改 max count 的数值，可以透过增加 echo 的方式，让实验参与者看到自己输入的答案。

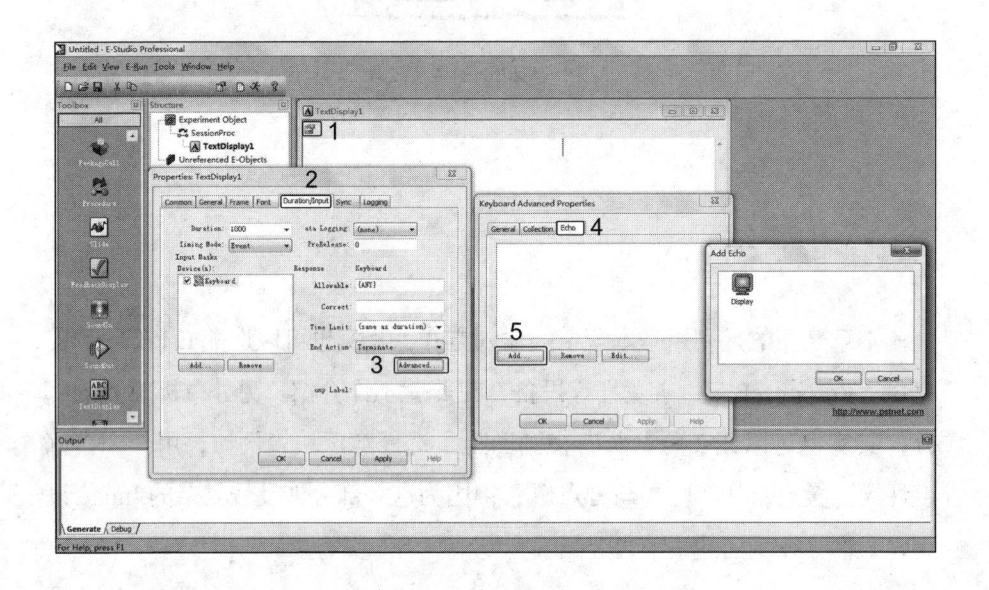

第6章
实验结构的安排

前面几章介绍了 E-Prime 的基本元素，第 6 章要介绍如何用 E-Prime 来写一个实验程序，毕竟这个软件开发的初衷就是要拿来做心理学实验的。若对于心理学实验没有兴趣，其实可以略过这个章节。

实验的基本元素

做实验的目的就是要了解实验者操纵的变量（所谓的自变量）是否会影响实验参与者的表现（所谓的因变量）。必须要将这些设定都写在程序中，否则就算搜集完数据，也是没有办法协助实验者了解自变量是否会对因变量造成影响。

以下我们会以一个虚拟的实验来做例子：假设我们想要了解人们在看到红色时，是否会比较谨慎，因此反应时间会较慢、正确率会较高。这个实验的自变量就是颜色，因变量就是正确率及反应时间。

命名的重要性

在一开始我们要先跟大家介绍一个概念，在 E-Prime 中只要程序没有写错，基本上都可以执行，但若该程序的目的是后续做结果分析，则必须考虑如何命名每一个元素。不论是 TextDisplay、ImageDisplay，甚至 Attribute 的命名等都相当重要，在 E-Prime 中不能以数字为首来进行命名，所以一定要以英文字母为首，但可以夹杂数字及英文字母。

命名时要以自己能够一眼望去就知道为原则，一开始各位写的程序可能很简单，但随着程序越来越庞大，若没有一个规律命名的规则，未来会事倍功半，甚至有可能不知道要如何看待所搜集到的资料。

因为 E-Prime 已内建一些程序代码，所以举凡 Begin、End 等这些跟程序运行有密切关系的词汇，基本上不能够拿来做命名，否则会发生错误，即便没有错误，最终也可能没有办法搜集到资料，千万要小心。

设定自变量

如果大家还记得第 3 章的介绍，当时我们为了要呈现不同的数字，设定了一个变量为 number，并且在 List 中设定了一个 number 的字段。在这里我们基本上会采用同样的原则，但我们必须考虑另一件事情，究竟要让实验参与者看到什么？一个做法当然是都看到同样的数字或文字，所以我们就仅针对 ForeColor 的部分做一个变量的设定，参考图 6-1 的步骤。

步骤一： 先拉一个 List、一个 Procedure 到 SessionProc，将 List1 更名为 ExpList、Procedure1 更名为 ExpProc。

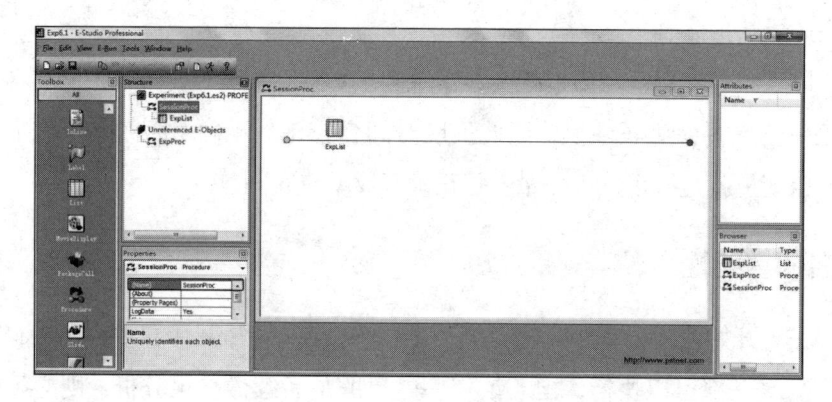

图6-1　设定自变量的步骤（1）

步骤二： 设定 ExpProc 为 ExpList 的 default procedure。

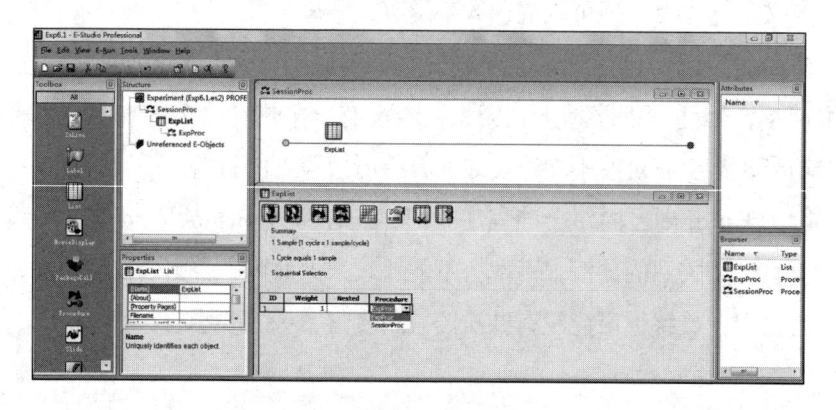

图6-1　设定自变量的步骤（2）

步骤三：在 ExpProc 上增加一个 TextDisplay（更名为 StimDisplay），并在 Text 的部分打入"+"。

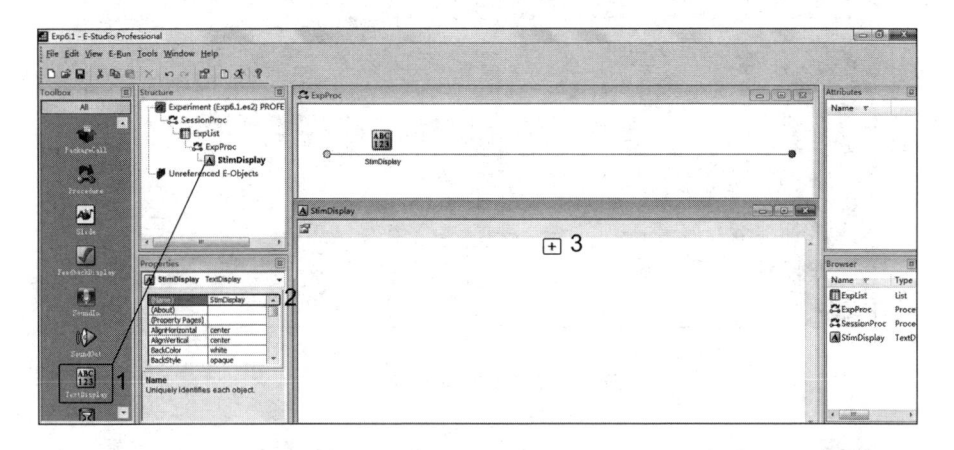

图6-1 设定自变量的步骤（3）

步骤四：设定 StimDisplay 的属性，在 General 分页下将 ForeColor 设定为［color］这个变量。

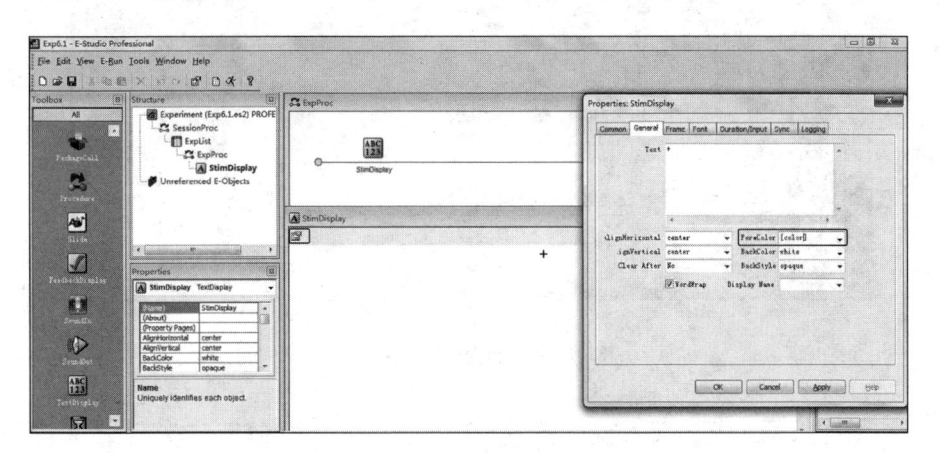

图6-1 设定自变量的步骤（4）

第 6 章 实验结构的安排 / 061

步骤五：在 ExpList 新增一个 Attribute 为 color。

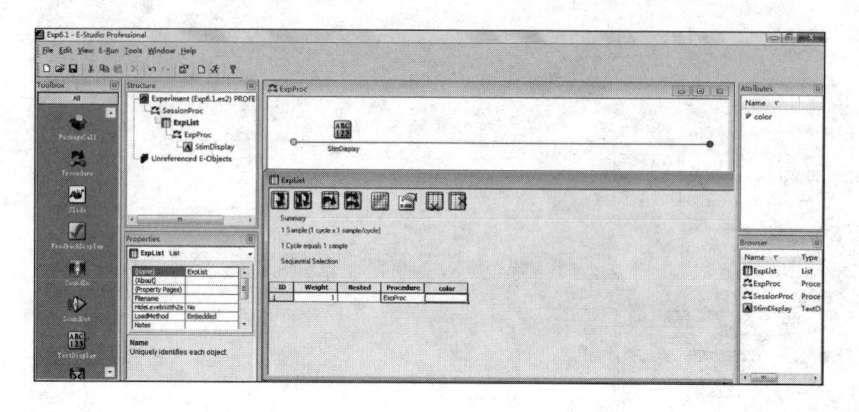

图6-1　设定自变量的步骤（5）

步骤六：在 ExpList 新增四列，并且在 color 那个字段依序输入：red、orange、yellow、green、blue。

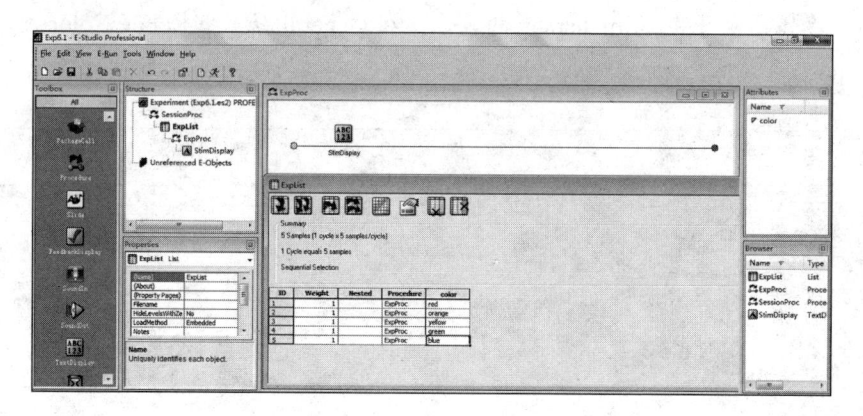

图6-1　设定自变量的步骤（6）

完成步骤六后随即存盘（程序 6-1*），产生程序代码后，按下▣，就会看到有五个不同颜色的"+"号依序呈现。当然在实验中，我们通常会让实验参与者看到不同的刺激材料，所以即使所看到的刺激材料不是实验的自变量，我们也会利用变量来做设定❶。请参考图 6-2 的步骤做设定，如此一

---

❶ 会鼓励大家把所有认为可能影响实验因果推论的变量都做记录，也就是都在 List 中帮这些可能的变量定义为一个 Attribute。虽然这些变量不是实验中的自变量，但在分析结果前，其实没有人知道这些变量是否可能会影响结果。事前的记录是好事，与其后来要用手动或其他的方式来补上一些信息，不如一开始就把这些信息记录下来！

来五个颜色所呈现的刺激材料就会是不同的。完成这个步骤后（程序6-2*），产生程序代码，按下紫色小人，就会依序看到红色的 red、橘色的 orange、黄色的 yellow、绿色的 green 及蓝色的 blue。

步骤一：延续程序6-1，在 StimDisplay，Text 的部分设定一个变量为 stimuli。

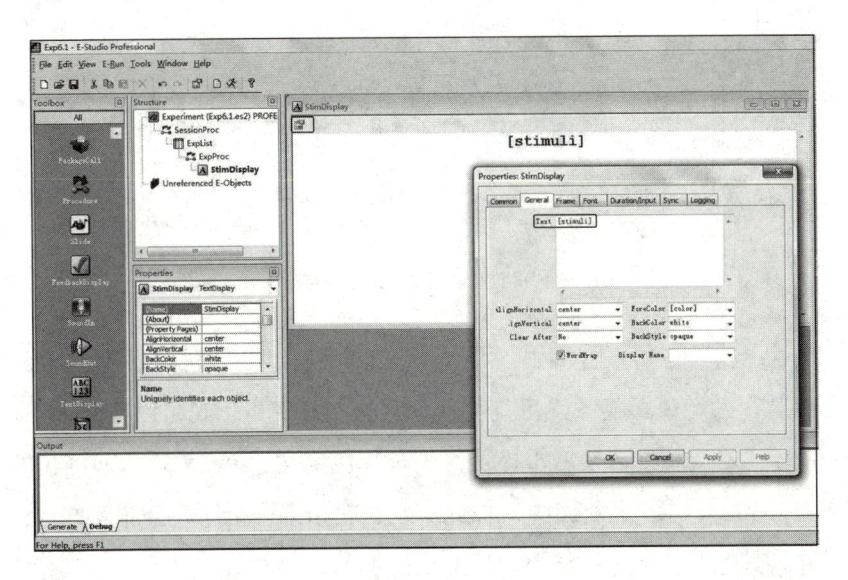

图6-2 利用变量设定呈现的刺激材料（1）

步骤二：在 ExpList，新增一个 Attribute 为 stimuli。

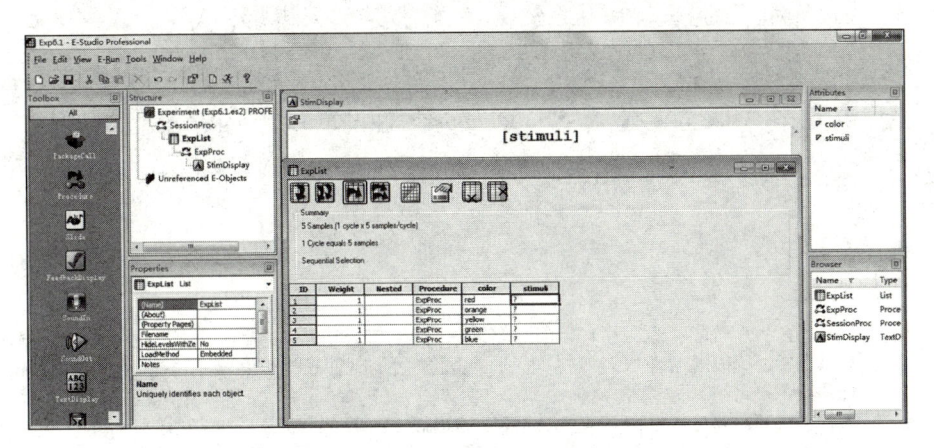

图6-2 利用变量设定呈现的刺激材料（2）

第 6 章　实验结构的安排　／ 063

步骤三：将 ExpList 中 color 这个 Attribute 的第一至五行拷贝，在 stimuli 这个字段贴上。

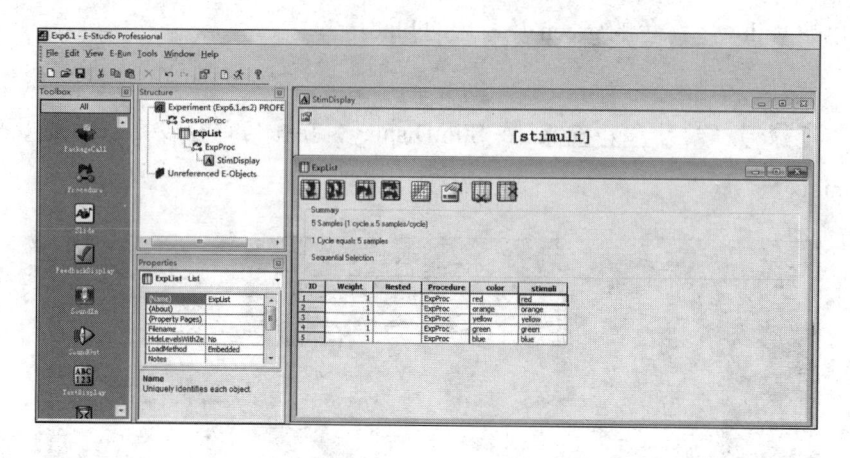

图6-2 利用变量设定呈现的刺激材料（3）

在这个实验中虽然我们用了五种不同的颜色，但若实验的假设为：红色是否会对行为造成影响，颜色就是这个实验的自变量，则可以在 ExpList 中另外新增一个 Attribute：RedorNot，只有红色定义为 RedYes[1]、非红色的都定义为 RedNo，参考程序 6-3*。如此一来，在结果分析时就会非常便，不用另外将其他四种颜色的结果做后续处理。

设定因变量

因变量的设定基本上和第 5 章介绍的反应输入设定有关系，以这个实验的需求为例，我们需要记录反应时间及正确率，所以须确保这些信息有被记录下来。如图 6-3 所示，StimDisplay 属性设定 Logging 分页下，我们需要确保 RT 及 ACC 被记录下来。[2]

---

[1] 用这样的命名方式是为了日后分析结果时较容易分析，若 Attribute 的命名没有考虑到这些因素，则后续分析会花很多工夫去搞清楚究竟程序是怎么写的，所以鼓励大家要用自己一眼看过去看得懂的命名方式。

[2] 一般而言，若需要分析正确率，也会建议搜集 RESP，就可以知道实验参与者实际输入的按键为何，因为有时候可能程序写错了，造成正确率的记录是错的；但若知道实验参与者当时按下什么按键，可以利用后续的方式来产生"正确"的正确率。

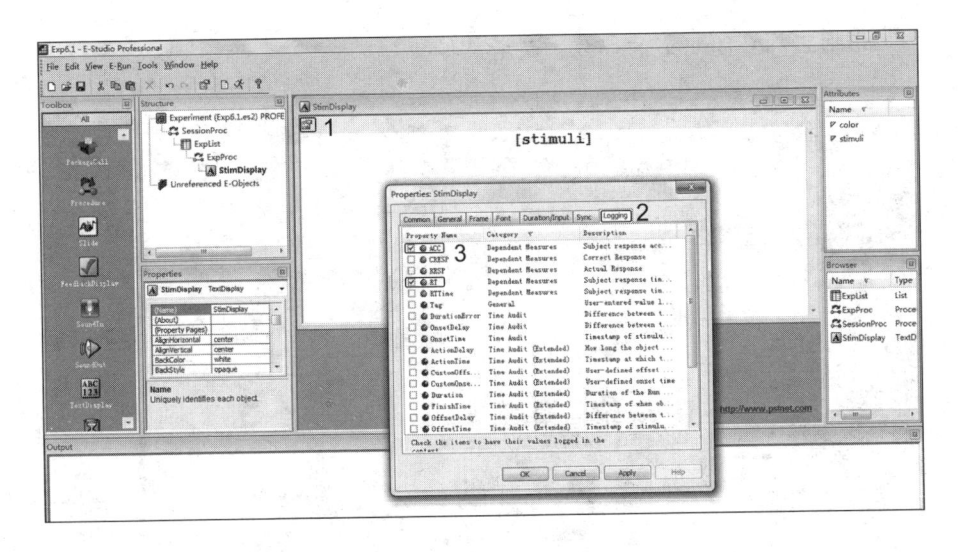

图6-3 确认因变量分析需要的信息被记录下来

除此之外，我们需要定义每一题的正确答案为何，我们必须到 StimDisplay 属性设定 Duration/Input 分页下做设定，请参考图 6-4 的步骤。

步骤一：延续程序 6-3，在 Duration/Input 分页下首先将 Duration 设为（infinite）。

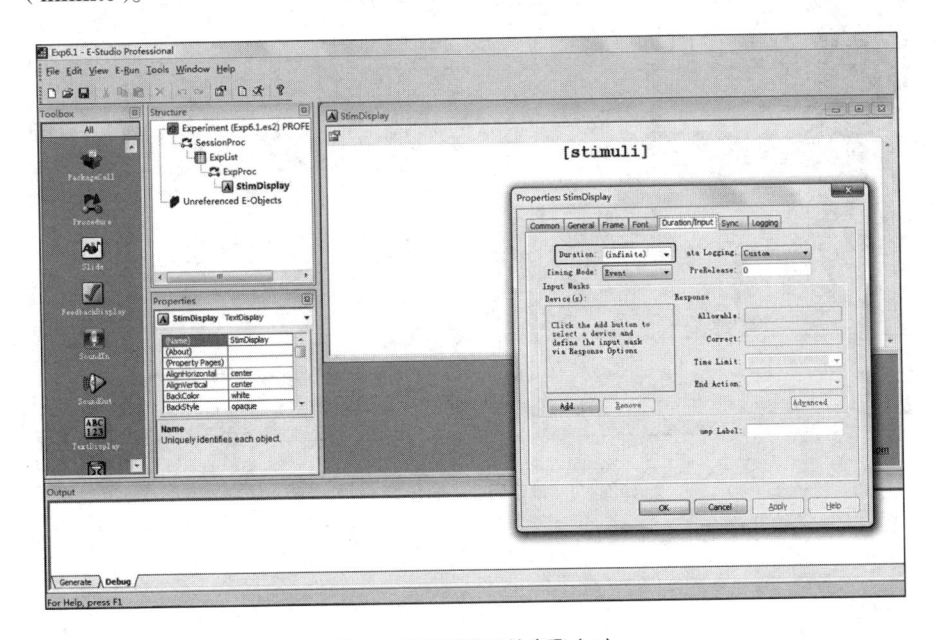

图6-4 设定因变量的步骤（1）

第 6 章　实验结构的安排　／ 065

步骤二：在 Device 的部分，新增鼠标。

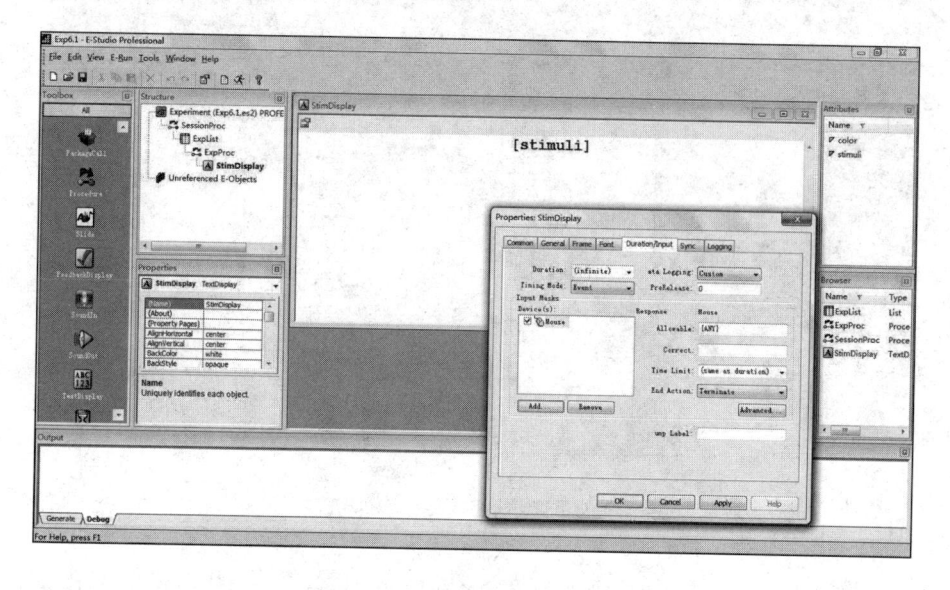

图6-4　设定因变量的步骤（2）

步骤三：在 Allowable 的部分，填入 12。

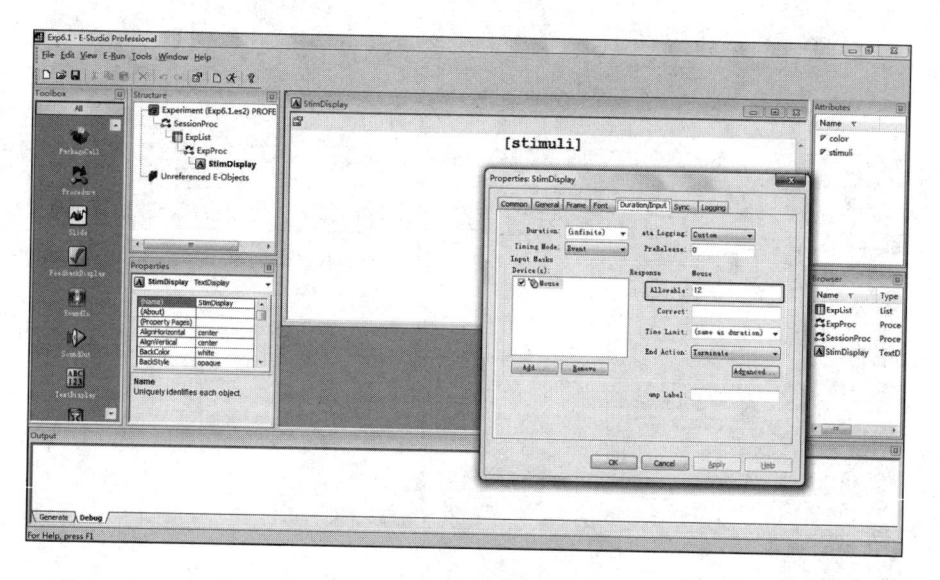

图6-4　设定因变量的步骤（3）

步骤四：在 Correct 的部分，输入 "answer" 这个变量。

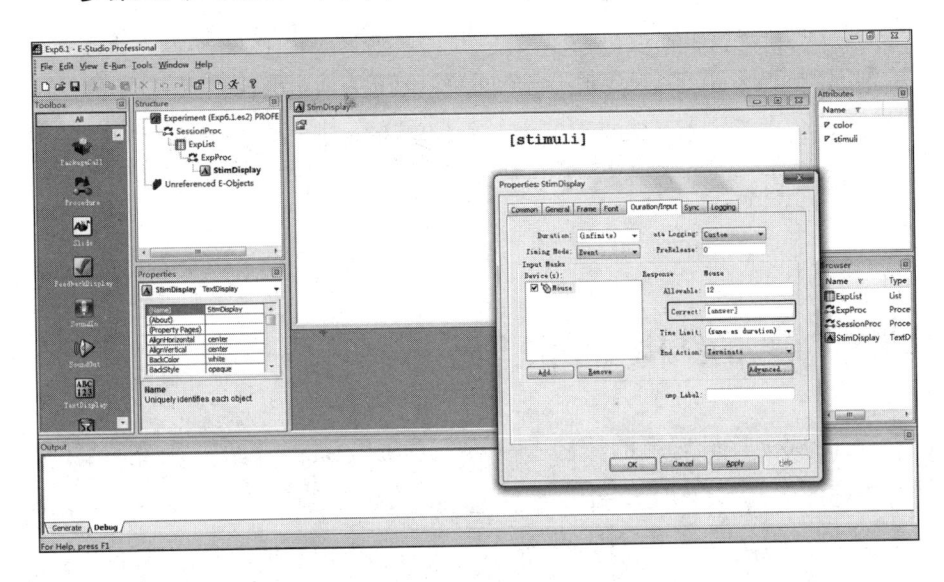

图6-4　设定因变量的步骤（4）

步骤五：在 ExpList 新增一个字段 answer。在这个实验中假设我们要实验参与者判断的是画面中出现的词汇，第一个字为元音（a, e, i, o, u）或子音，若为元音则要按鼠标的左键、为子音要按鼠标的右键，所以 Row 1 至 5 的正确答案分别 2，1，2，2，2。

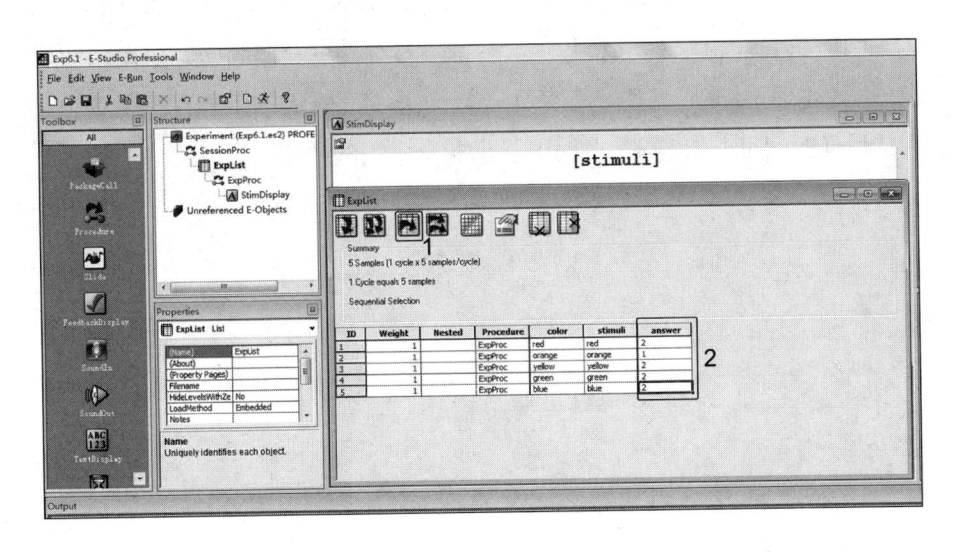

图6-4　设定因变量的步骤（5）

第 6 章　实验结构的安排　/ 067

完成步骤五后存盘（程序 6-4*），产生程序代码后，按下 ，就会看到有五个不同颜色的英文字依序呈现。和程序 6-3 不同的是，程序 6-4 中，一定要用鼠标做反应才会看到下一个词汇，其他的部分看起来完全相同，但实际上执行程序 6-4 得到的结果才是有意义的，因为程序 6-3 仅有呈现的部分，完全没有记录的部分。

实验的结构——由下而上

我们从实验最底层的结构——尝试（trial）来做介绍，以程序 6-3 为例，ExpProc 其实只包含一个元素，但在真正的实验中鲜会只有一个元素的 Procedure。一般会先出现一个凝视点，接着会出现需要实验参与者做反应的画面，接着可能会出现一个空白的画面（在练习阶段则可能会出现给实验参与者的反馈画面）。

建立完整的尝试

延续程序 6-4，一个完整的尝试应该要有凝视点，让实验参与者知道该集中注意力；另外按键后的空白画面则是让实验参与者有一个稍作喘息的机会，同时也会让程序看起来不会太怪（因为若没有空白画面，按键判断后立刻就会看到凝视点，其实有点奇怪）。请参考图 6-5 的步骤，凝视点和空白的呈现时间可以自定义，图 6-5 显示的是常用的数值。

步骤一：拖曳一个 TextDisplay 到 ExpProc，重新命名为 FixFrame，并且在 Text 区块输入 "+"。

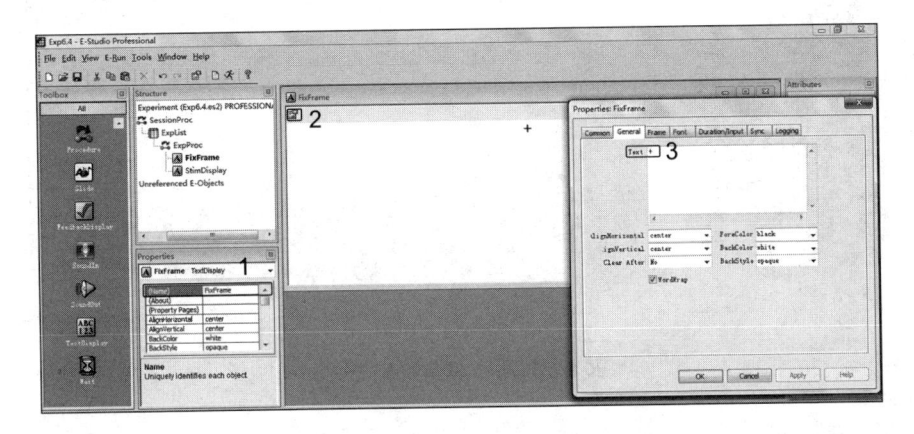

图6-5　建立一个完整的尝试（1）

步骤二：将 FixFrame 的呈现时间改为 200 毫秒。

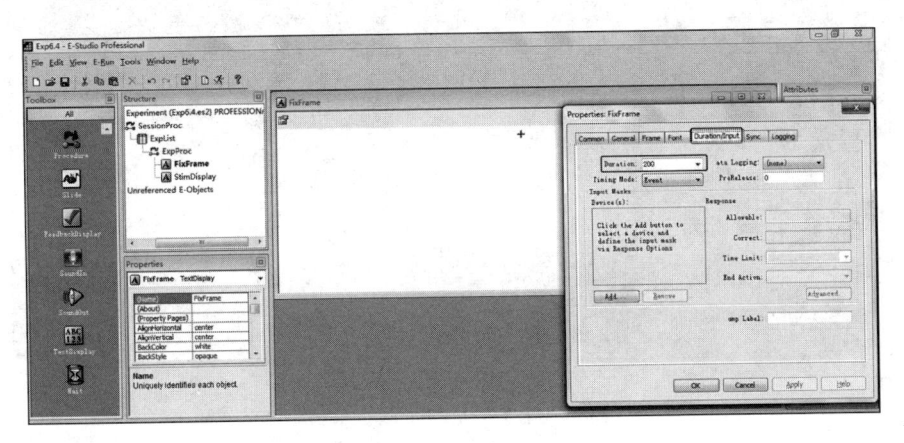

图6-5　建立一个完整的尝试（2）

步骤三：拖曳一个 TextDisplay 到 ExpProc，重新命名为 BlankFrame。

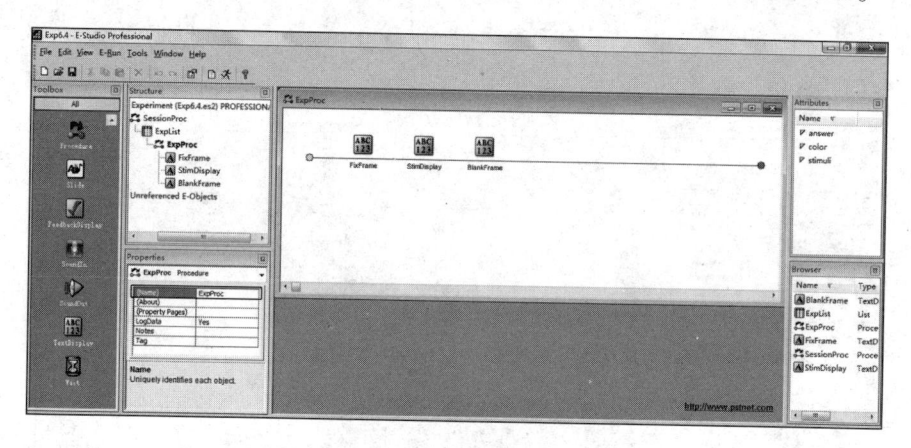

图6-5　建立一个完整的尝试（3）

步骤四：将 BlankFrame 的呈现时间改为 500 毫秒。

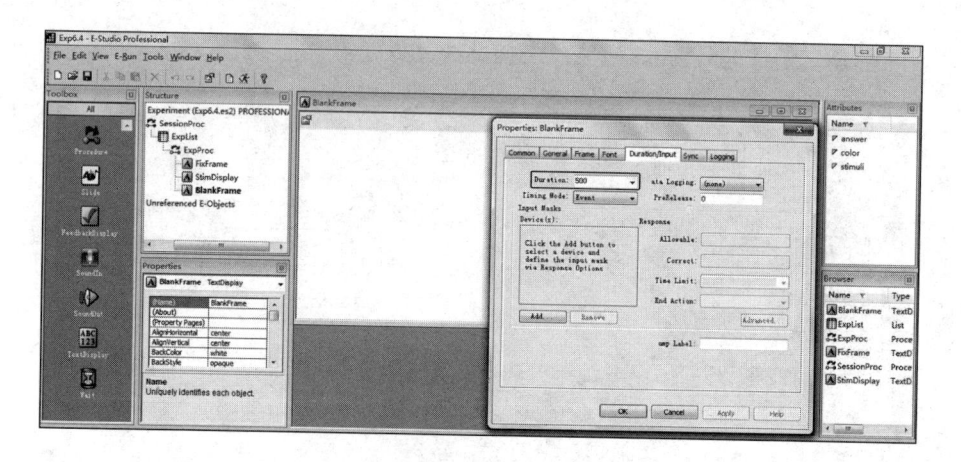

图6-5　建立一个完整的尝试（4）

完成步骤四后存盘（**程序 6-5***），产生程序代码后，按下紫色小人，就会看到有五个不同颜色的英文字母依序呈现，此外在英文字母出现前会有一个凝视点，按键判断后会有一个空白的画面。

建立练习阶段的尝试

练习阶段和正式阶段的尝试基本上都应该是一样的[1]，除了一般会在练习阶段让实验参与者知道自己对该尝试是否输入了正确的答案。因为练习阶段和正式阶段的尝试基本上相同，所以我们大可以不用重新建立这个尝试，而是使用复制粘贴的方式。

首先要请大家确认 Browser 这个区块有被勾选，若没有修改默认值，Browser 这个区块会出现在 E-Prime 窗口的右上角。若 Browser 没有出现，可以按 Alt+2，就可以让 Browser 区块出现（或消失）。

步骤一：延续程序 6-5，用鼠标将 ExpProc 反白，按下 Ctrl+C 拷贝，接着按下 Ctrl+V 粘贴。此时，会跳出一个窗口，询问你是否要拷贝 child object，选择是和否会有不同的后果，请参考批注的说明[2]。建议大家选择否，选择后 Browser 会出现 ExpProc1。

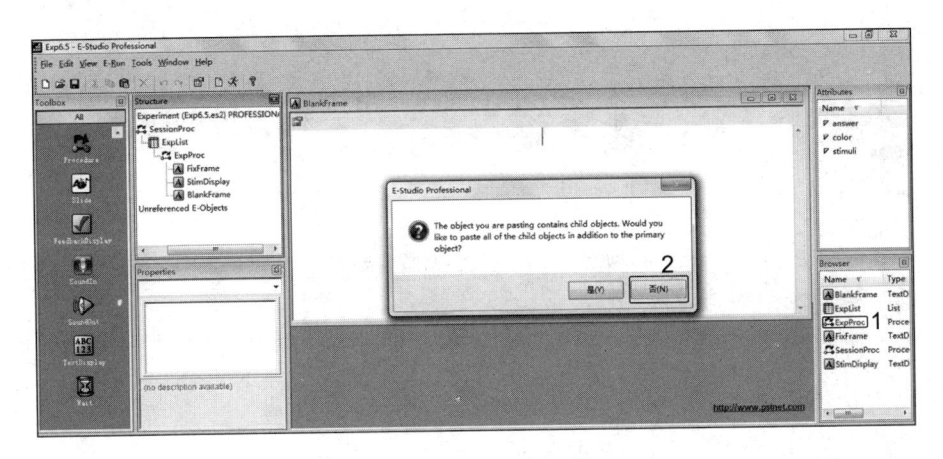

图6-6　建立练习尝试（1）

---

[1] 有时候正式阶段的刺激材料呈现时间会较短，或是会用较难的刺激材料。
[2] E-Prime 2.x 和 E-Prime 1.x 一个很大的不同就是在 1.x 若复制一个 Procedure，只有 Procedure 会重新命名，但其中的元素并不会重新命名；但在 2.x 中，可以有所选择，若选择拷贝 child object，则所有的元素都会重新命名，这点有好有坏。从分析资料的角度，应该不要自动重新命名；但对于初学者而言，自动重新命名能够降低他们出错的机会（因为只要名称一样的元素，改了一个，全部的都会被修改，初学者往往会因此犯下大错，做白工）；若选择不要拷贝 child object，则和 1.x 的版本相同，就是 Procedure 本身会重新命名，但其中的元素并不会重新命名。

第 6 章　实验结构的安排　/ 071

步骤二：将 ExpProc1 重新命名为 PracProc。

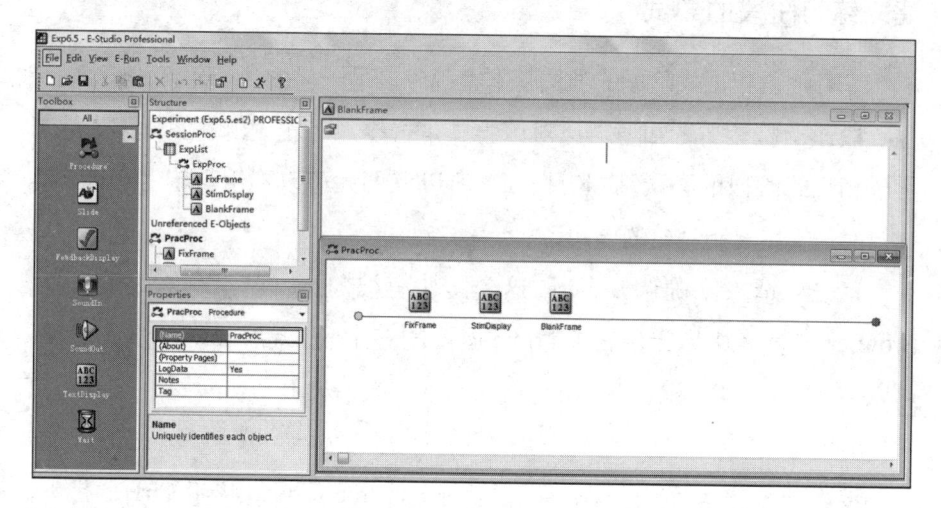

图6-6　建立练习尝试（2）

步骤三：拖曳 FeedbackDisplay 到 PracProc，放在 StimFrame 右边（时序上的后面）。

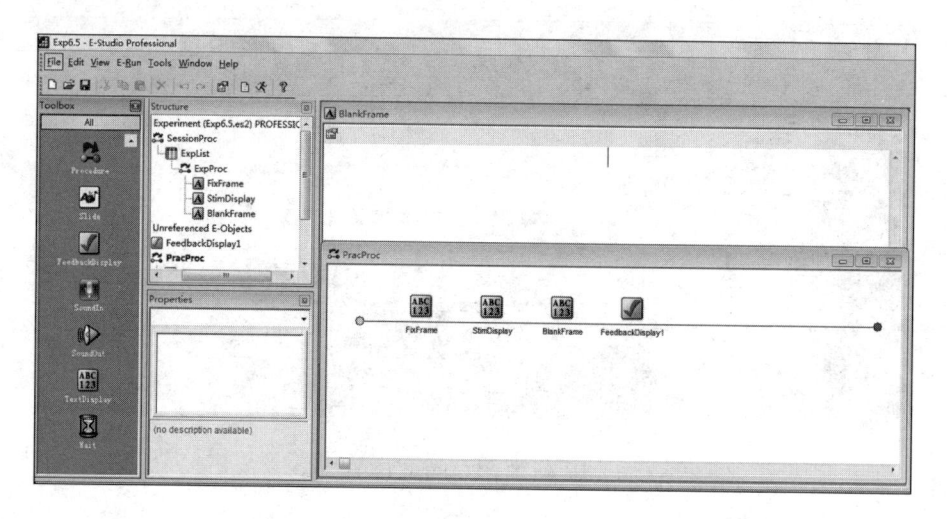

图6-6　建立练习尝试（3）

步骤四：用鼠标将 ExpList 反白，按下 Ctrl+C 拷贝，接着按下 Ctrl+V 粘贴。此时会看到 ExpList1 产生。

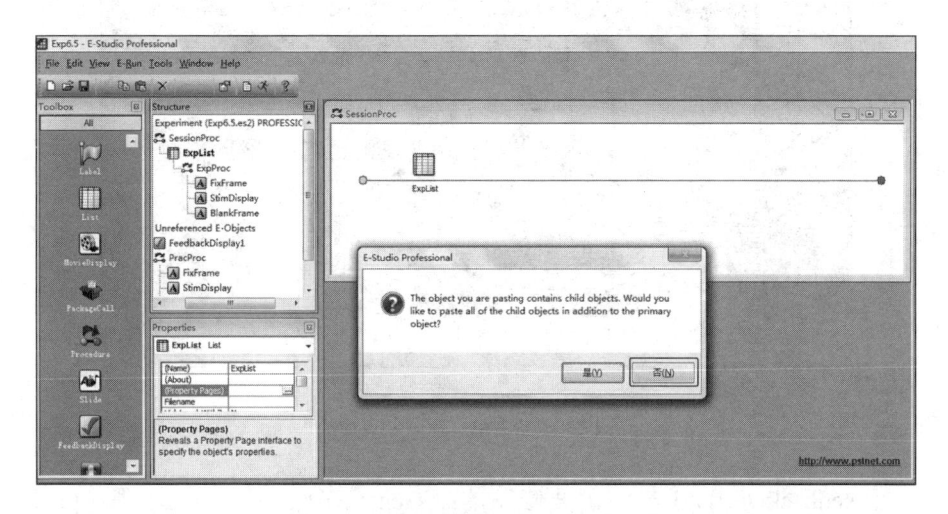

图6-6 建立练习尝试（4）

步骤五：将 ExpList1 更名为 PracList，并且把这个 List 移到 SessionProc，放在 ExpList 的左边。

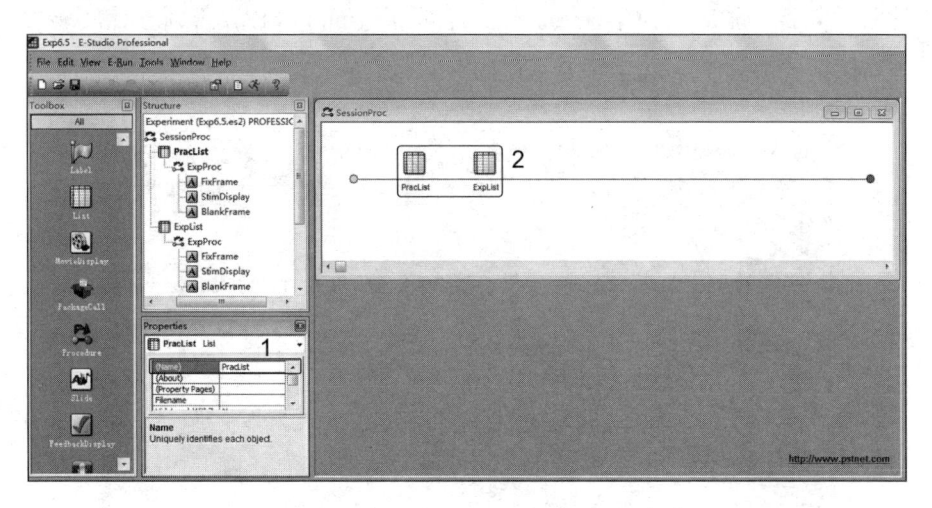

图6-6 建立练习尝试（5）

第6章 实验结构的安排 / 073

步骤六：将 PracList 的 Procedure 设定为 PracProc，将程序存盘为程序 6-6*。

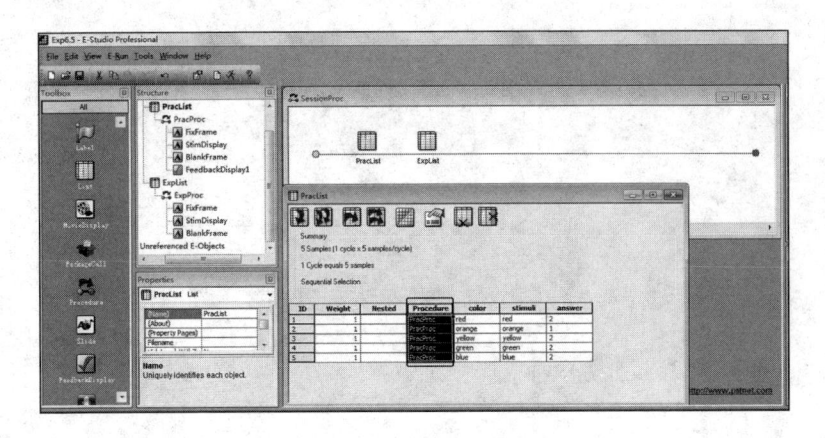

图6-6　建立练习尝试（6）

　　FeedbackDisplay1 一定需要修正的是 General 分页下的选项，如图 6-7 所示，对 Input Object Name 做设定，告诉程序要针对哪一个画面来告知实验参与者他们是否做了正确的反应。从下拉式选单中选择 StimFrame 即可，下方的选项都可以使用默认值。在 Duration/Input 则可以设定反馈画面呈现的时间，若实验对象为年轻人，建议不要超过 500 毫秒，否则会让实验参与者感到厌烦。设定完后请存盘（程序 6-7*）。

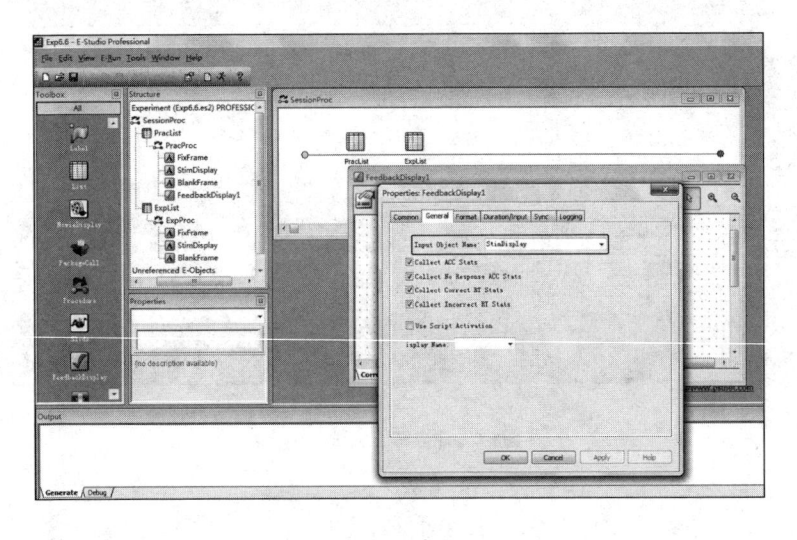

图6-7　设定 Input Object Name

如图6-8所示,在FeebackDisplay1下方可以看到其实有几个不同的分页,一定需要设定的为Correct及InCorrect的分页,假设实验中有设定要在一定时间内按键反应,则也需要针对NoResponse来做设定。这每一个分页都是一个Slide,所以大家可以参考Slide建立的原则来设定给实验参与者反馈的画面,要掌握清楚易懂的原则,所以通常建议用不同的颜色,甚至在实验参与者答对时可以搭配声音做提醒。

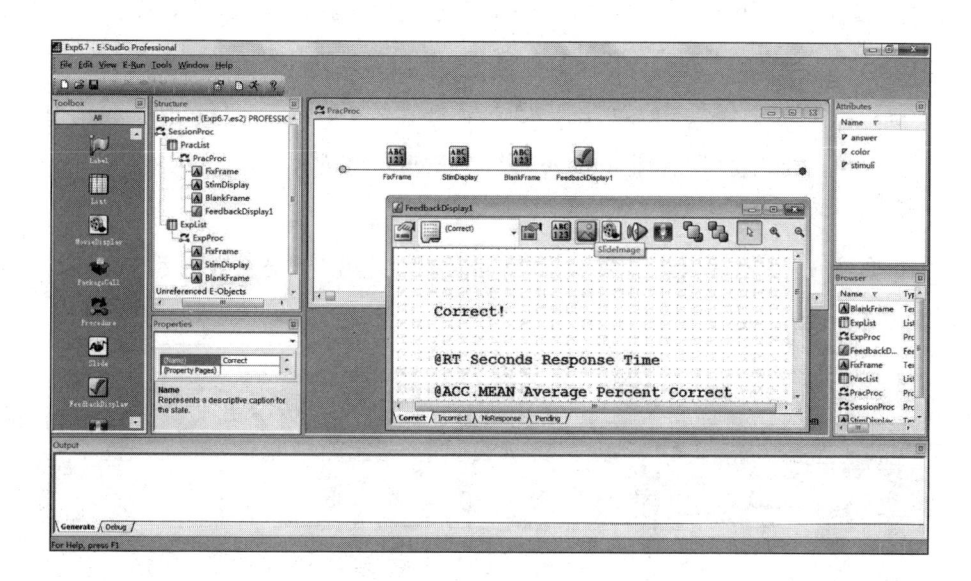

图6-8 设定给实验参与者的反馈画面

需要多少尝试

到底实验中需要多少尝试呢?会建议一个情境最少要有16个尝试,当然越多越好,不过太多会让实验长度过长,实验参与者的表现反而会变差。以这个章节介绍的实验为例,自变量为颜色,颜色有五个水平,所以最少需要80题。

假设实验中有两个自变量,一个有三个水平、一个有两个水平,则最少需要 3×2×16＝96题,以此类推。

List的结构

尝试的上一层就是所谓的 List，请在 ExpList 上点两下，如图 6-9 所示，会看到总共有五行，在上方 Summary 会告知有 5 Samples。假设我们要让实验参与者不只做五题，则可以用几种不同的方式来做设定。

在实验中我们不见得会让每一行出现的频率相同，因为必须考虑自变量的设定、同一按键被使用的频率等因素。以这个实验为例，就有两个需要考虑的因子：首先，因为五个字当中，仅有 orange 的前缀为元音，所以实验参与者会有较高的频率去按鼠标的右键（左:右 = 1:4），这样悬殊的按键比例相当不恰当，因此有可能会把 orange 那行的 Weight 改为 4，其他的维持不变。

方法一：更改 Weight，可以将 Weight 都改成 10，则会看到上方 Summary 告知有 50 Samples。

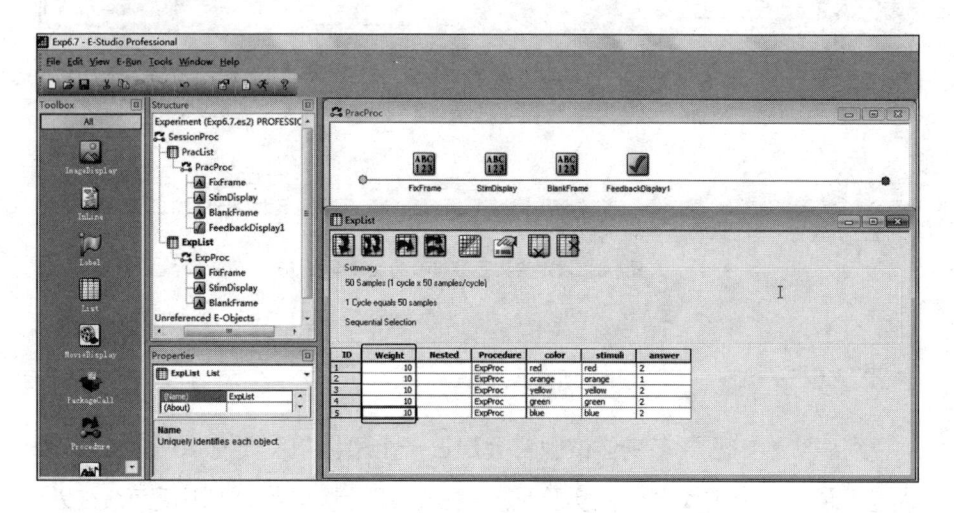

图6-9 设定尝试数目（1）

方法二：透过 List 属性设定的部分，选择 Rest/Exit 分页，修改 Exit List 的方式，可以是几个 cycle 或是几个样本，一般建议针对 cycle 的数目做修改。若我们将 Exit List 下改为 After 10 cycles，按下 Apply、OK 后，同样会看到上方 Summary 告知有 50 Samples。

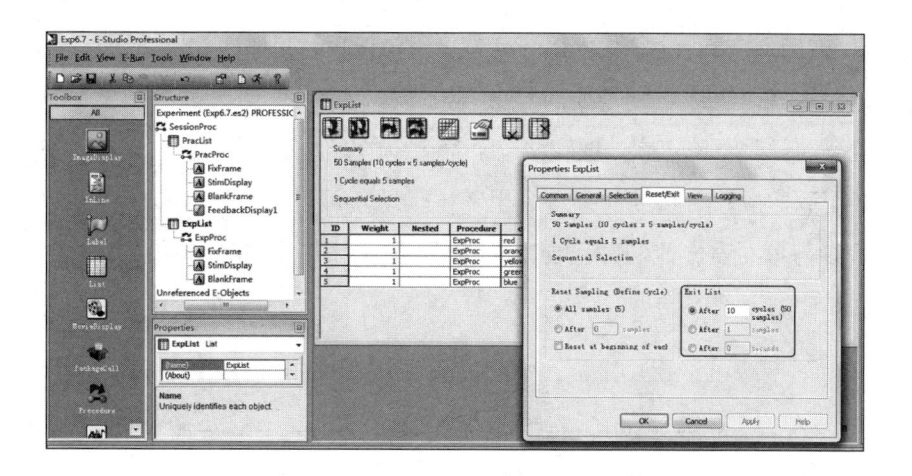

图6-9 设定尝试数目（2）

再者，如果这个研究在意的是红色与非红色刺激的反应实验，则应该要控制红色与非红色出现的概率为相同，根据这样的逻辑 red 那行应该把 Weight 改为 4，其他的维持不变。

讲到这里大家就会发现，有时候要做到尽善尽美是不可能的，所以要考虑究竟哪些因素的控制是重要的，尽量做到最好。

最后，除非有另外写 Inline 的语言，否则 E-Prime 会将一个 List 中所有的尝试都呈现完才进到下一个阶段，假设 List 中有 200 个尝试，就会 200 都做完！人都会疲劳，不让实验参与者充分休息，他们的心情及表现都会变差，所以一个 List 不适合包含太多尝试（换句话说，不要做太久）。一般建议一个 List 不要做超过 5 分钟（或是 60 题），让实验参与者可以有充分的休息；若实验参与者可以掌控实验的步调（例如都是决定要开始才按键），则较不用担心 List 中尝试数目过多的问题。

假设实验中有三个自变量，每个都有两个水平，则 List 的尝试数目就要为 2×2×2 = 8 的倍数，所以 List 中包含 56、64 或是 72 次尝试都是可行的。

一个 List 中尝试数目太多是问题，太少也是问题，因为实验参与者会觉得一直被打断，此外他们的表现也会较不稳定。

List 的呈现

在第 3 章曾提过，一般而言 List 中的尝试我们都会设定为随机呈现，可以透过 List 属性设定下 Selection 分页来做设定，见图 3-14 所示。

但有些时候你可能需要前几个尝试按固定顺序呈现，之后的尝试才是随机呈现，此时该怎么处理呢？一个最简单的方式就是新增一个 List，其中一个用固定顺序、接续的那一个用随机呈现就可以了，如图 6-10 所示。对实验参与者而言，他们并不会察觉有任何的不同，除非 List 和 List 之间有增加其他的元素。

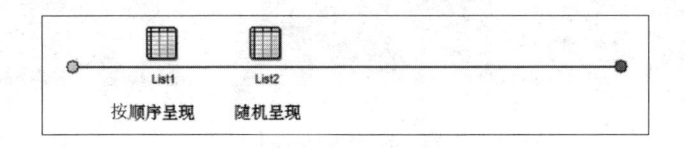

图6-10　利用两个List来达成部分随机、部分按顺序呈现的目的

实验参与者间 vs. 实验参与者内的操纵

实验的自变量有些会是实验参与者间变量，有些会是实验参与者内变量，以本章介绍的颜色实验为例，就是一个实验参与者内操纵的实验。假设我们要将颜色的操纵改为实验参与者间，有下列几个做法：

做法一：延续程序 6-7，将 red 那行的 Weight 改为 0，另存新文件，产生程序代码（程序 6-8*），在程序 6-8 中，就不会看到红色。延续程序 6-7，将除了 red 以外的那几行 Weight 都改为 0，另存新文件，产生程序代码（程序 6-9*），在这个程序中，就只会看到红色。

做法二：这个做法稍微复杂，但不需要用到两个程序；此外，有时候会需要控制实验参与者作答的顺序（但顺序又并非实验的自变量），则利用做法二较理想。延续程序 6-7，请照下列的步骤：

步骤一：将 ExpList 重新命名为 RedList。

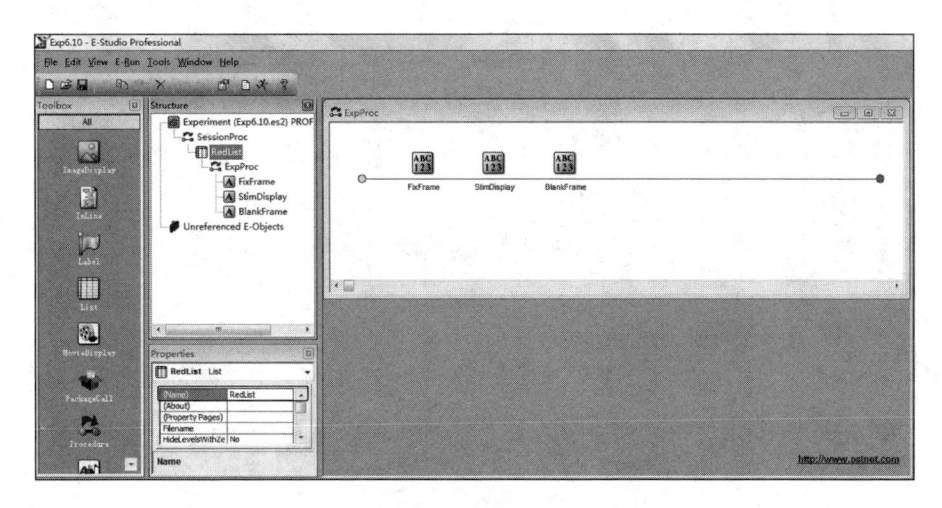

图6-11 设定实验参与者间的程序（1）

步骤二：复制 RedList，并将 RedList1 重新命名为 NonRedList，复制时会跳出一个窗口，请选择"No"。

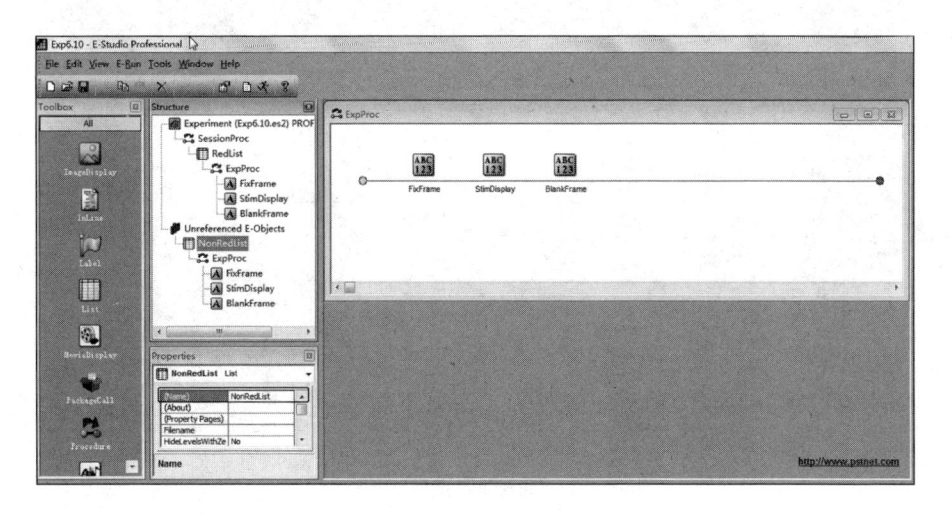

图6-11 设定实验参与者间的程序（2）

第 6 章 实验结构的安排 ／079

步骤三：在 RedList 中，将除了 red 以外的那几行 Weight 都改为 0。

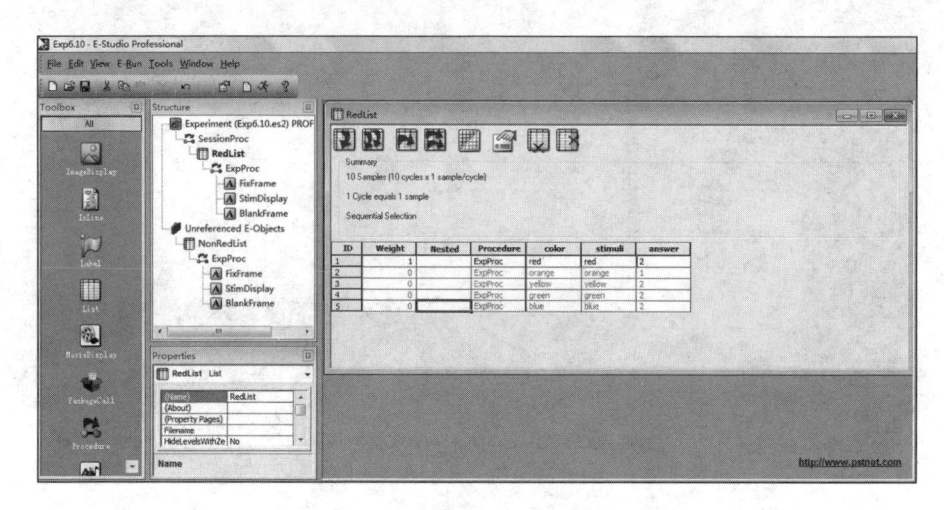

图6-11　设定实验参与者间的程序（3）

步骤四：在 NonRedList 中，将 red 那行的 Weight 改为 0。

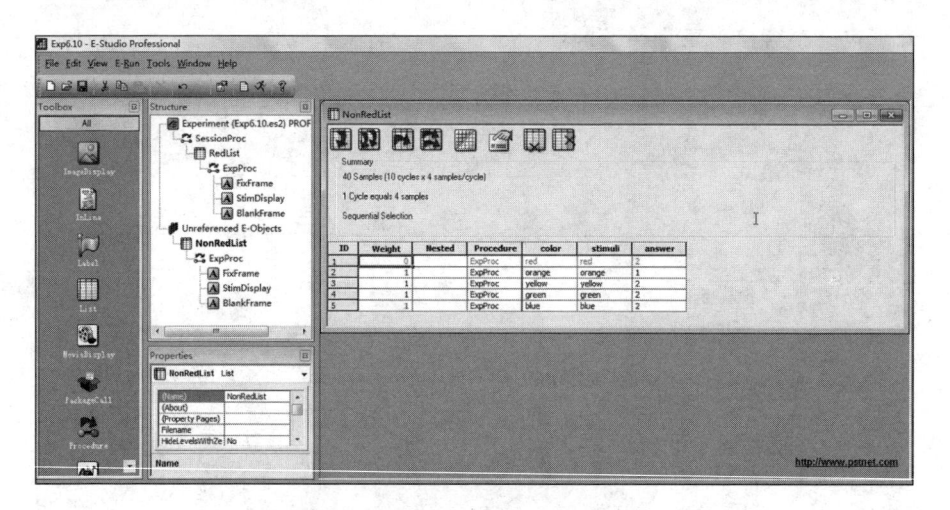

图6-11　设定实验参与者间的程序（4）

080 ／ E-Prime 第一次用就上手

步骤五：拖曳一个 List 到 SessionProc，重新命名为 BetweenList。

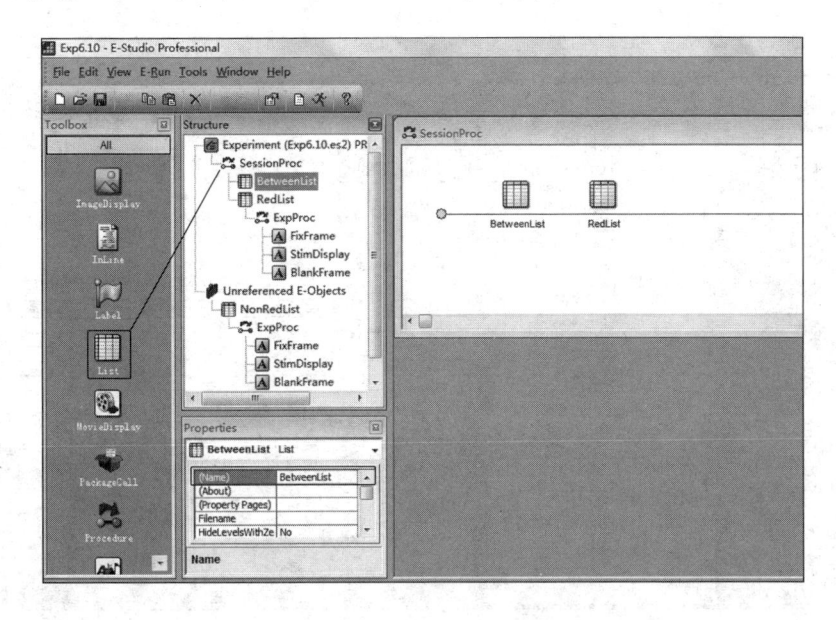

图6-11　设定实验参与者间的程序（5）

步骤六：拖曳两个 Procedure 到 Unreferenced Object。

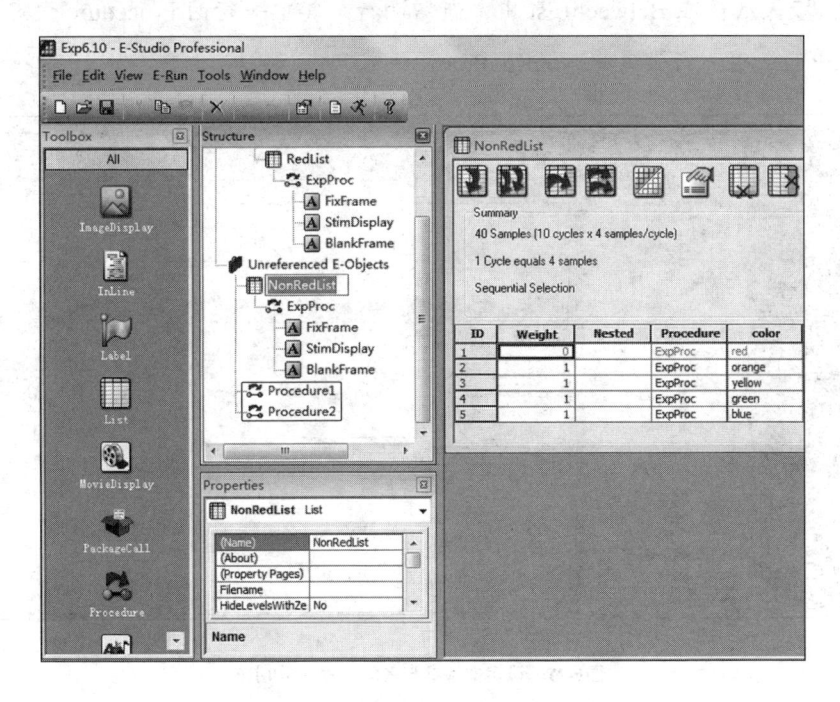

图6-11　设定实验参与者间的程序（6）

步骤七：将步骤六产生的两个 Procedure 分别命名为 RedProc 与 NonRedProc。

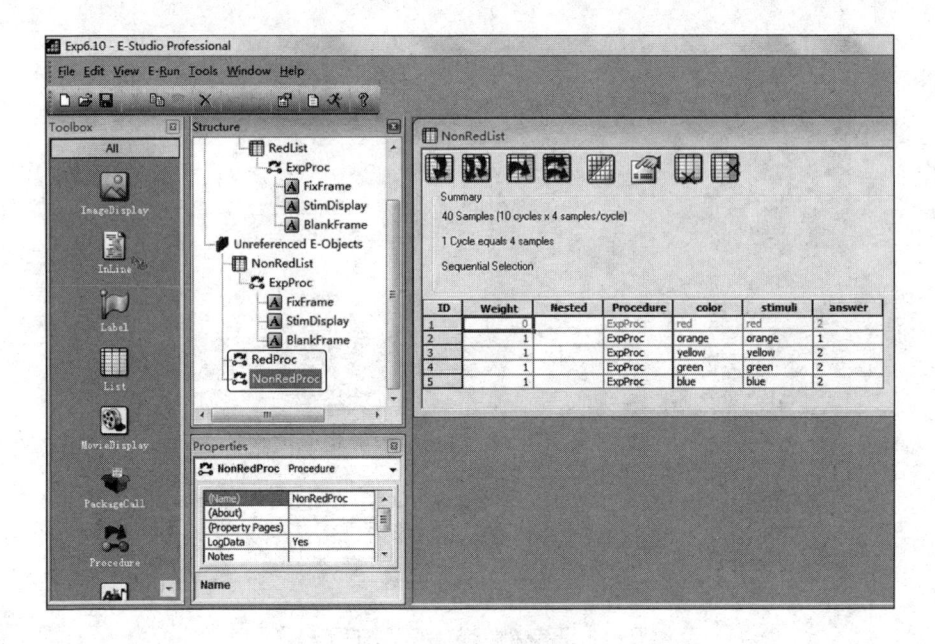

图6-11　设定实验参与者间的程序（7）

步骤八：在 BetweenList 中，新增两行，其中一行的 Procedure 设定为 RedProc、另一行设定为 NonRedProc。

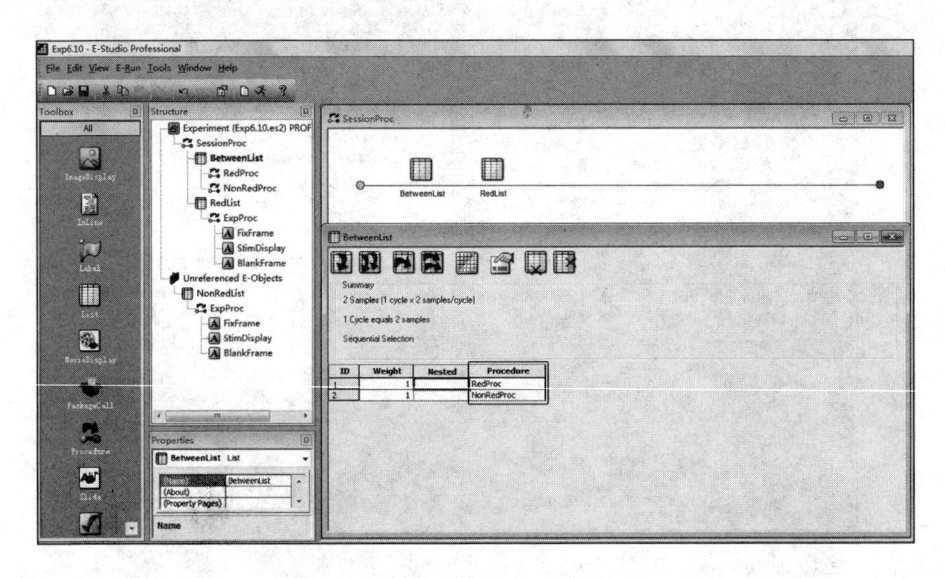

图6-11　设定实验参与者间的程序（8）

步骤九：将 RedList 拖曳至 RedProc、NonRedList 拖曳至 NonRedProc。

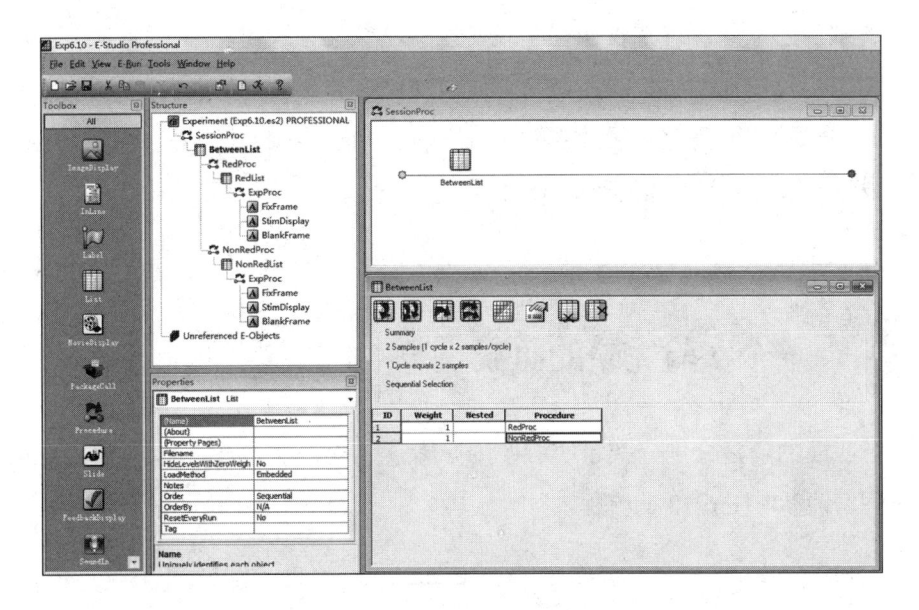

图6-11 设定实验参与者间的程序（9）

步骤十：在 BetweenList 属性设定的页面，Selection 的部分改为 Random，Reset/Exit 中，Exit 设定为 After 1 sample（不是 cycle）。

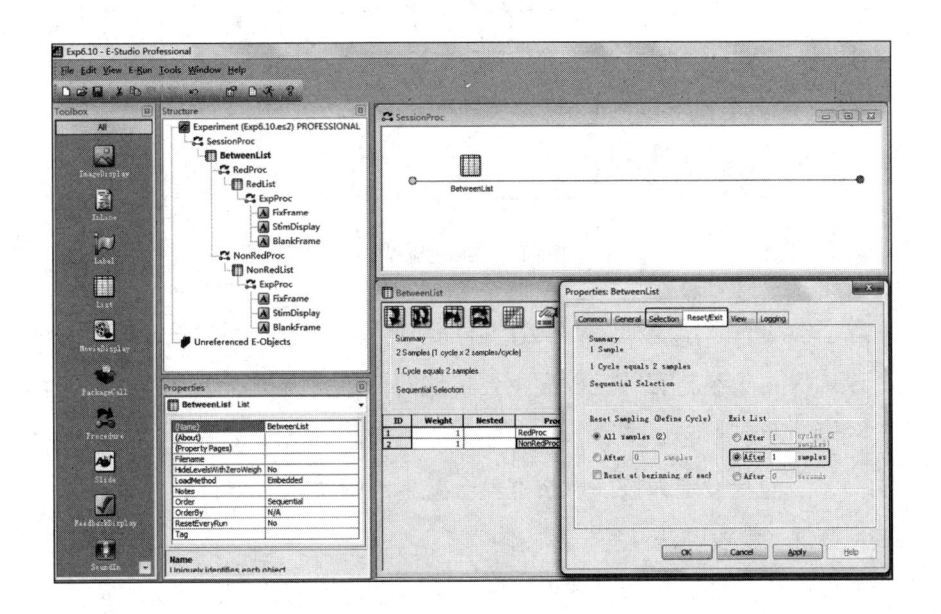

图6-11 设定实验参与者间的程序（10）

第 6 章 实验结构的安排 / 083

完成步骤十后，存盘成为程序 6-10*，这个程序的写法是将红色和非红色的试验完全分开，并告知程序只要让实验参与者看到其中一种，之后就会结束实验。假设实验中还是希望他们红色与非红色的都要看到，只是希望其中一种全部看完之后才看到另外一种，则在步骤九，不需要针对 Exit 的设定做修改，就是跑完 1 cycle 即可。

一个实验完整的面貌

前面的段落分别介绍了实验中的元素，究竟一个完整的实验长什么样子呢？请参考图 6-12 的流程。

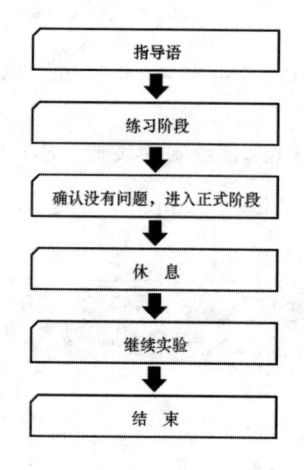

```
指导语
  ↓
练习阶段
  ↓
确认没有问题，进入正式阶段
  ↓
休 息
  ↓
继续实验
  ↓
结 束
```

图6-12　实验的流程

除了尝试的部分之外，大多数的画面都建议设定为要用户按键后才会跳离，以确保实验参与者看完画面上要传达的信息。为了确保他们有看，大多数时候会设定一定要按某个特殊的按键（透过 Allowable 做设定）才会跳离画面，因为若设定为按任意按键就会跳离，则实验参与者很有可能不小心按到按键，就没办法读完全部的内容。

另外休息的部分，若真的希望实验参与者可以有固定的休息时间，则可以设定 Duration，然后强制一定要停留多少时间才会跳到下一个画面。有些实验可能会需要一些固定时间长度的干扰阶段，这个可以通过 Inline 的设定完成，后面的章节还会做介绍。

最后，实验中的背景色、前景色、字体大小等，尽量保持一致，让实验参与者做起来比较顺畅，也不会显得不专业。

实验参与者相关资料的搜集

在做实验的过程，我们通常会搜集实验参与者的基本资料，例如性别、年龄等，当然，这些资料可以另外用纸本的方式做搜集，但若通过 E-Prime 做搜集，则可以将结果档和实验参与者的基本数据汇集在同一个地方，其实是比较理想的。

要设定这些东西要在 E-Prime 的 Experiment Object 做设定（之前设定屏幕分辨率也是通过更改 Experiment Object 的属性来做设定），点两下进入属性设定后，选择 Startup Info 的分页。如图 6-13 所示，我们会看到默认值，只有 Subject 及 Session 被打钩，若要新增内建好的选项，则必须先在那个项目上点一下，再点选选项前方的方框，就会看到选项如 Subject 和 Session 一样。图 6-14 是新增年龄及性别的选项。

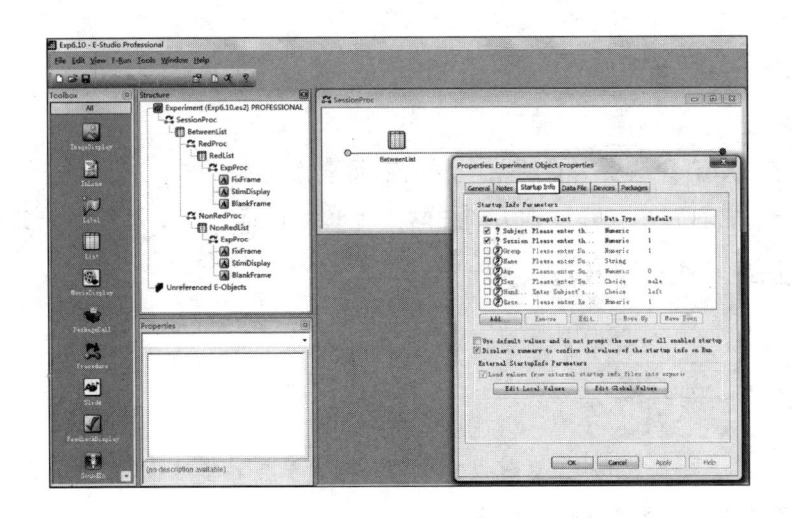

图6-13　设定Startup Info

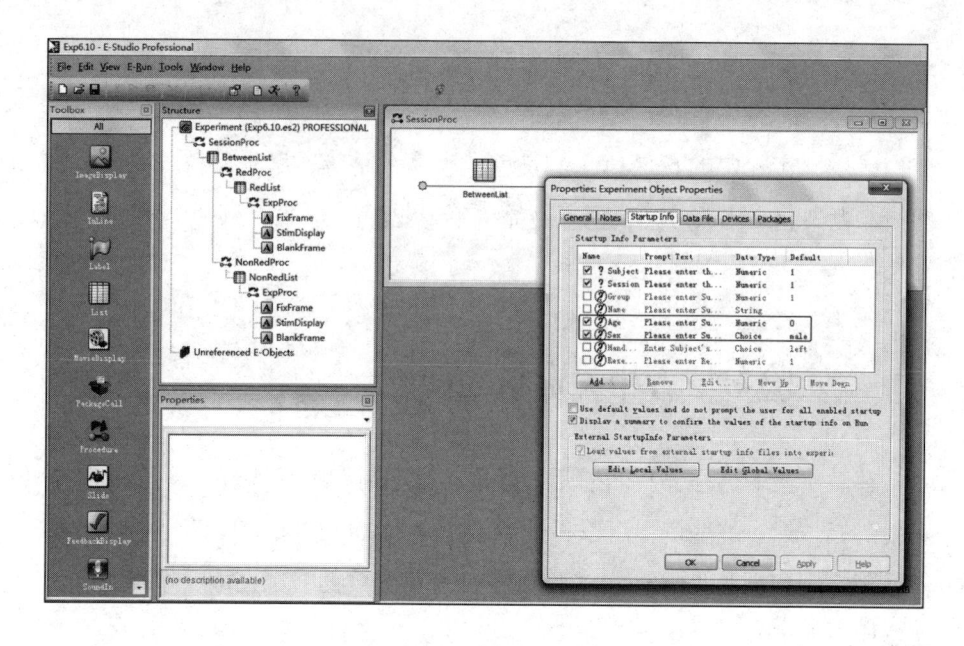

图6-14　新增年龄及性别的选项

一般而言，我们仅会记录性别及年龄的数据，因为个人隐私的关系，建议不要把实验参与者的名字和结果档连接在一起，而是另外利用实验参与者的编号与他的姓名做连接。若是做语言相关的实验，则需要考虑实验参与者的惯用手。

小　结

这个章节介绍了实验的结构及基本元素，其实基本的东西都已经告诉大家了，建议可以多观摩别人的程序，或参考第11章常用心理学实验程序来精进自己写程序的技巧。

章节挑战

1. 写一个程序，在练习阶段针对实验参与者答对与否，给予实验参与者不同的声音及视觉反馈。

提示：FeedbackDisplay 的画面其实和 Slide 是相同的。

2. 写一个混合设计的程序，有一个自变量是组间变量，另一个自变量是组内变量。例如：请实验参与者进行奇偶数判断，但数字的颜色及字号为自变量，其中颜色为组间变量。

提示：善用 Procedure 的功能。

小诀窍

1. 有时候可以利用一些策略在实验参与者不知情的情形下，进行一些操纵。例如，在实验正式阶段其实包含了两个 List，但因为 List 中间没有任何对象，所以对实验参与者而言，这其实只是一个 List。有些实验者担心实验参与者在正式阶段一开始的表现不稳定，所以通过两个不同的 List 可以轻易地把一些试次排除，也可以让两个 List 的呈现方式不同，一个为按照顺序、一个为随机。总而言之，写程序时也要想想实验参与者会看到什么样的画面，最好是自己要实际上做一次，才会知道是否有问题。

2. E-Run Test 这个功能可以自动测试实验是否有问题，并且可以加入测试，减少浪费的时间。但还是建议实验者应该要自己完整做完一遍程序，一方面了解实验有多长，以及反应设定上是否有问题。

第 7 章
Nested 功能的介绍

Nested 是 E-Prime 中相当重要的一个功能，但也是让许多初学者感到困惑的一个功能，因为这个功能比较不直观。在上一个章节我们曾介绍，虽然一个实验中自变量的数目可能只有一个、两个，但很多其他因素也可能会影响实验，所以需要被控制。例如在上一个章节介绍的实验中，理论上应该用不同颜色的墨水去呈现 red、orange、yellow、green 与 blue，而不是每个字只搭配某一个颜色出现一次。最简单的做法当然是把所有的排列组合都列出来：5（种颜色）×5（个词）=25 种，大家可以发现，才两个变量就可能有 25 种组合。

　　假设还需要考虑其他因素，所需要考虑的排列组合可能就有上百，甚至千种，要把所有的排列组合都列出来不仅耗时，而且很有可能出错。因此，非实验操纵的变量，通常不会把所有的排列组合都列出来；此时就需要应用 Nested 的功能，来创造某种随机性，让程序不至于产生系统性的误差。这只是 Nested 的其中一个功能，这个章节会介绍如何善用 Nested 的功能，让写程序变得比较简单。

功能一：让程序更有弹性

　　Nested 一个最好用的功能就是提供给程序一些弹性，假设在上个章节介绍的实验中我们想要加上题号，让实验参与者知道自己做到第几题，那该怎么做呢？如果用程序 6-4 去修改其实不难，请参考图 7-1 的步骤。

　　存盘成为程序 7-1*，产生程序代码后执行，就会看到除了文字外也会有题号。这样看似没有问题，但若今天我们需要让不同字随机呈现，也就是说 ExpList 的 Selection 若设定为 Random，此时题号就会大乱了。因为题号是不能随机的，但字的部分是要随机呈现的，在这样的情境下，Nested 功能就派上用场了，因为我们可以把题号的变量设定在另一个 List 中，并且用 Nested 的方式去连结这个 List 和 ExpList，请参考图 7-2 的步骤。

步骤一： 在 StimFrame Text 的部分加入 No.[qnumber] 的字样，并按几次 Enter 键，让题号可以出现在字的上方。

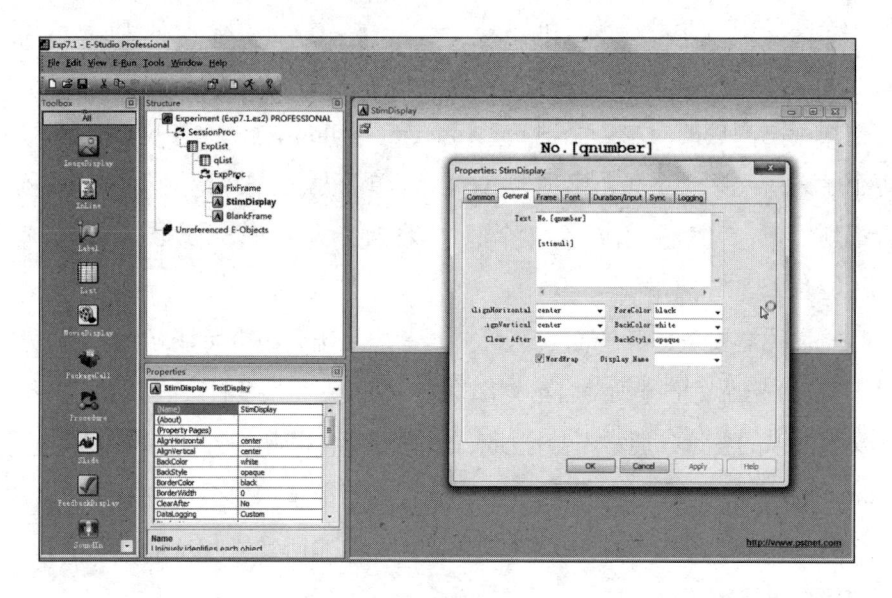

图7-1　增加题号（1）

步骤二： 在 ExpList 中加入一个新的 Attribute "qnumber"，并且在第一行填入 1、第二行填入 2，以此类推。

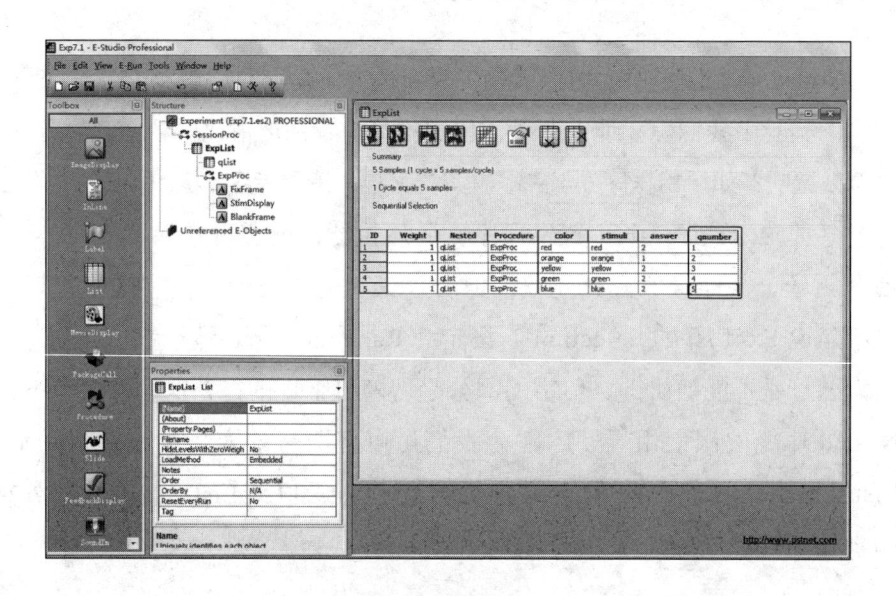

图7-1　增加题号（2）

步骤一： 延续程序 7-1，但先把 ExpList 中 qnumber 这个字段删除。

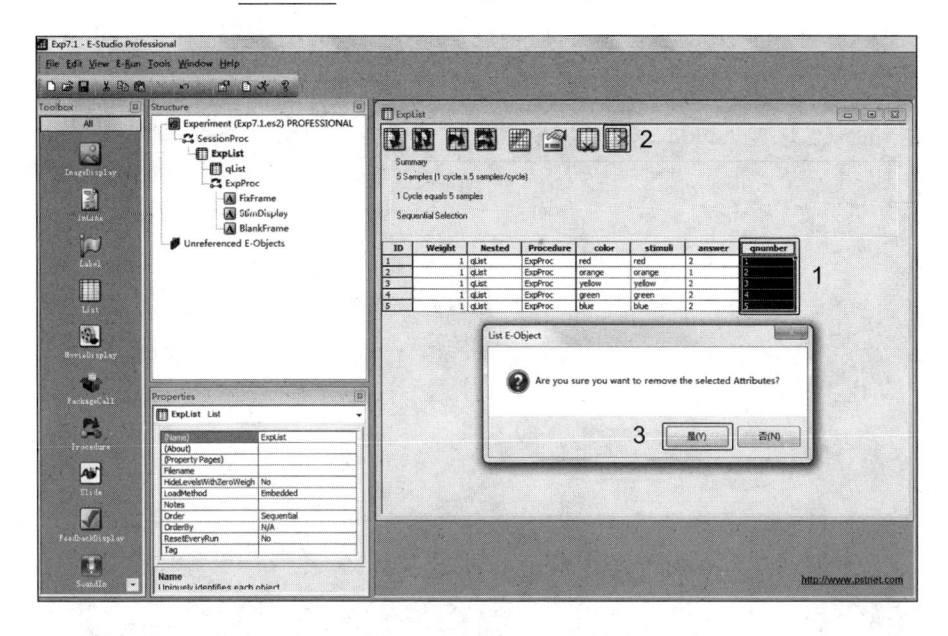

图7-2　用Nested功能增加题号（1）

步骤二： 将 ExpList 设定为随机选取。

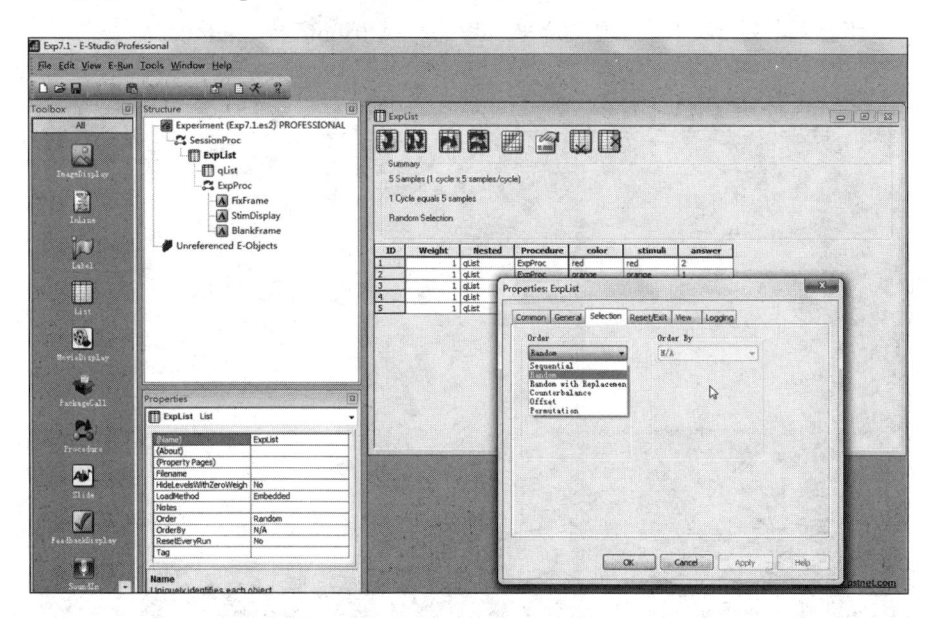

图7-2　用Nested功能增加题号（2）

第 7 章　Nested 功能的介绍　／093

步骤三：在 Nested 的字段都填上 qList，此时会看到一个讯息询问你是否要建立 qList，就点选确定。确认每一行的 Nested 这个字段都填上 qList。

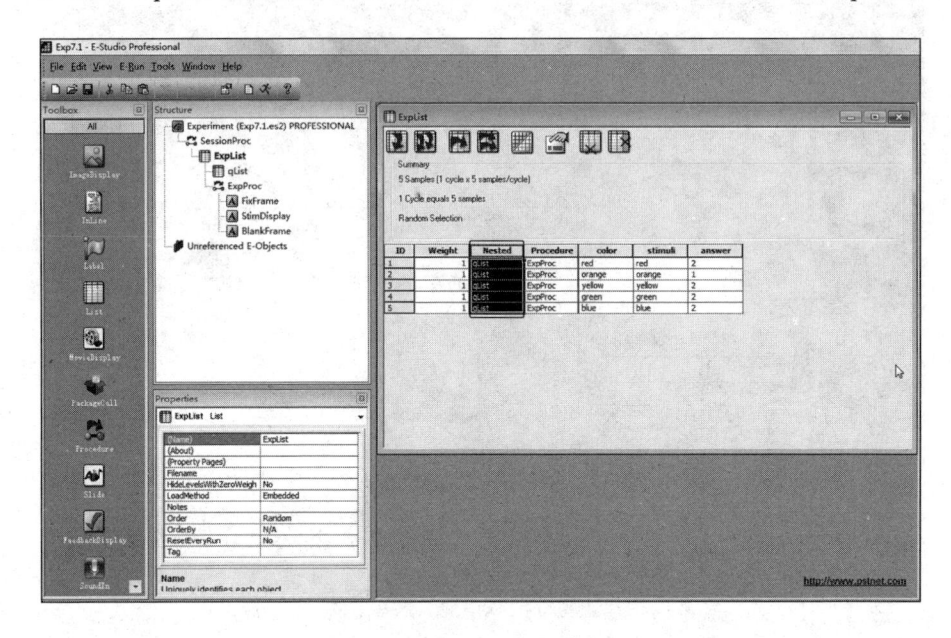

图7-2　用Nested功能增加题号（3）

步骤四：到 qList，在这个清单新增一个 Attribute 为 qnumber。

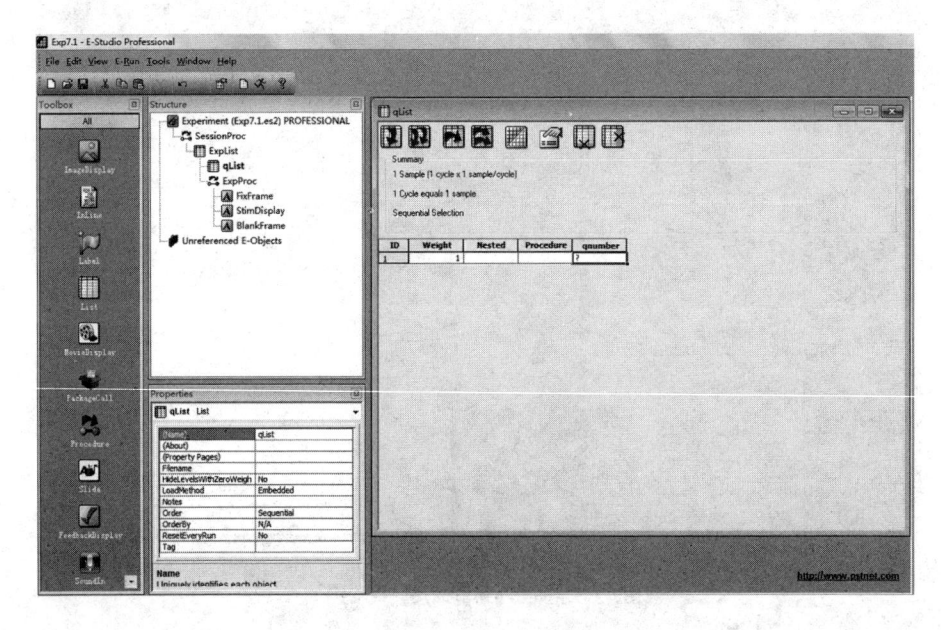

图7-2　用Nested功能增加题号（4）

步骤五：增加四行，在 qnumber 这个字段依序填上 1、2、3、4 与 5。

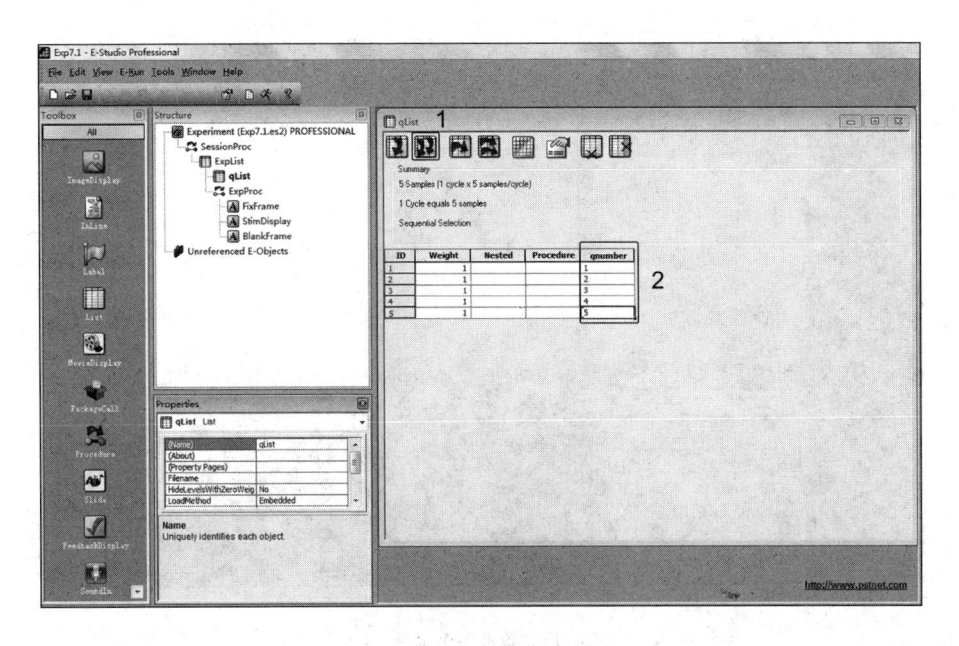

图7-2 用Nested功能增加题号（5）

完成步骤之后，存盘成为程序 7-2*，产生程序代码后执行，就会看到文字是随机呈现的，但是题号是正确的！

功能二：一次需要选择多个项目

假设我们要写一个程序让实验参与者判断究竟是左边的数字比较大，还是右边的数字比较大。假设我们只用 1～5 的数字，一个可能的写法就是要把所有可能的排列组合都列出来，但这样就有 20 种不同的组合（在没有相同大小的情境下），倘若我们用 1～99 的数字，组合数目就太多了，我们不可能把所有的排列组合都列出来。此时我们可以利用 Nested 的功能来做设定，请参考图 7-3 的步骤。

步骤一：拖曳一个 List 到 SessionProc，并重新命名为 ExpList。

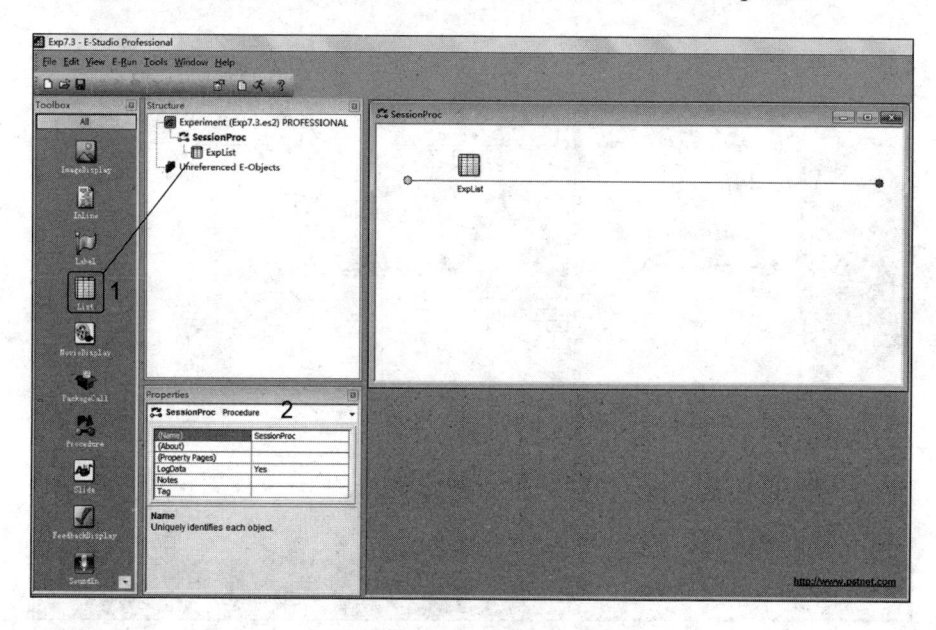

图7-3 随机选取多个项目（1）

步骤二：拖曳一个 Procedure 到 Unreferenced Object，并重新命名为 ExpProc。

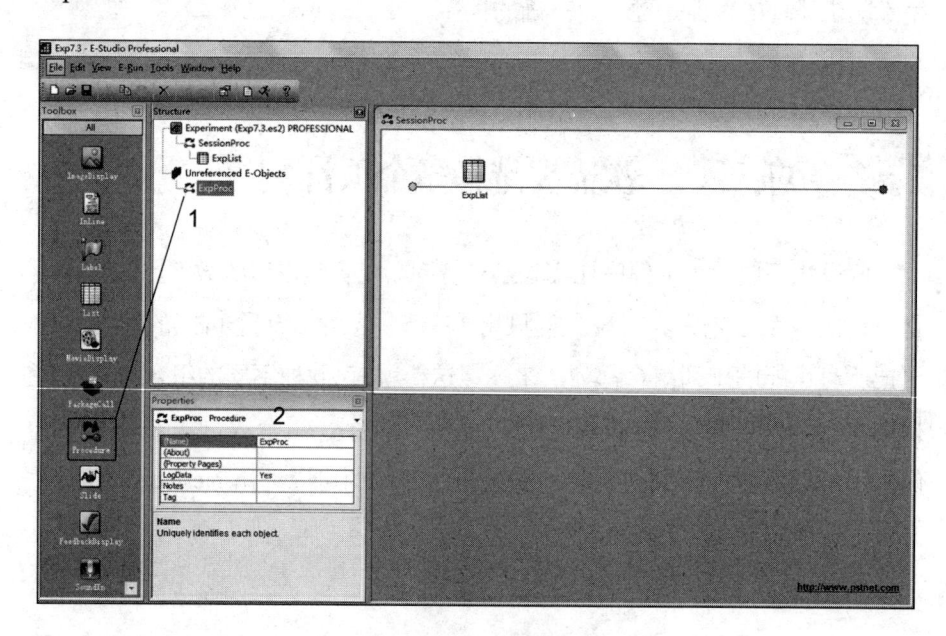

图7-3 随机选取多个项目（2）

步骤三：将 ExpProc 设定为 ExpList 中的 Procedure。

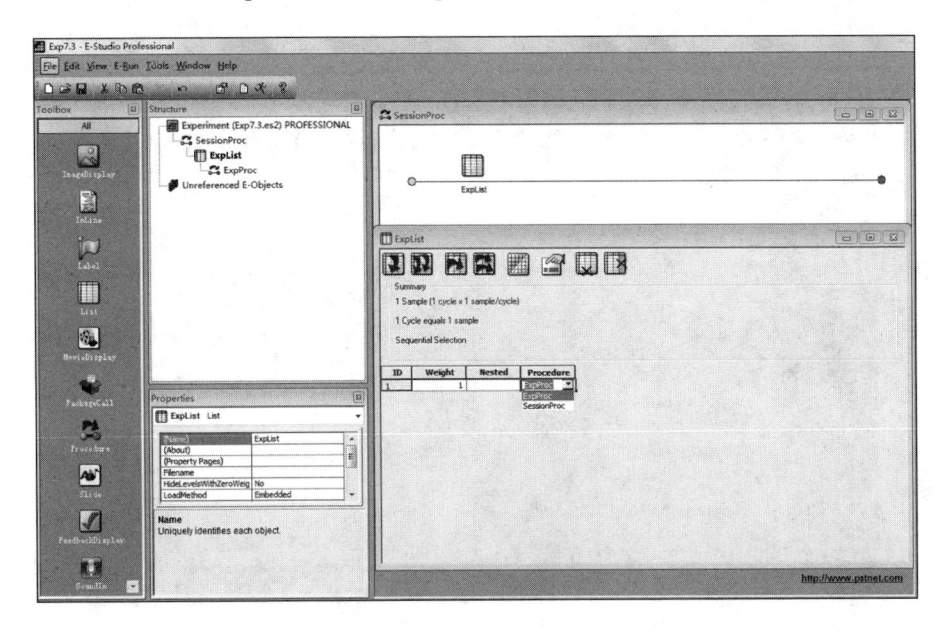

图7-3　随机选取多个项目（3）

步骤四：拖曳三个 TextDisplay 到 ExpProc，由左到右依序命名为 FixFrame, StimFrame, BlankFrame。

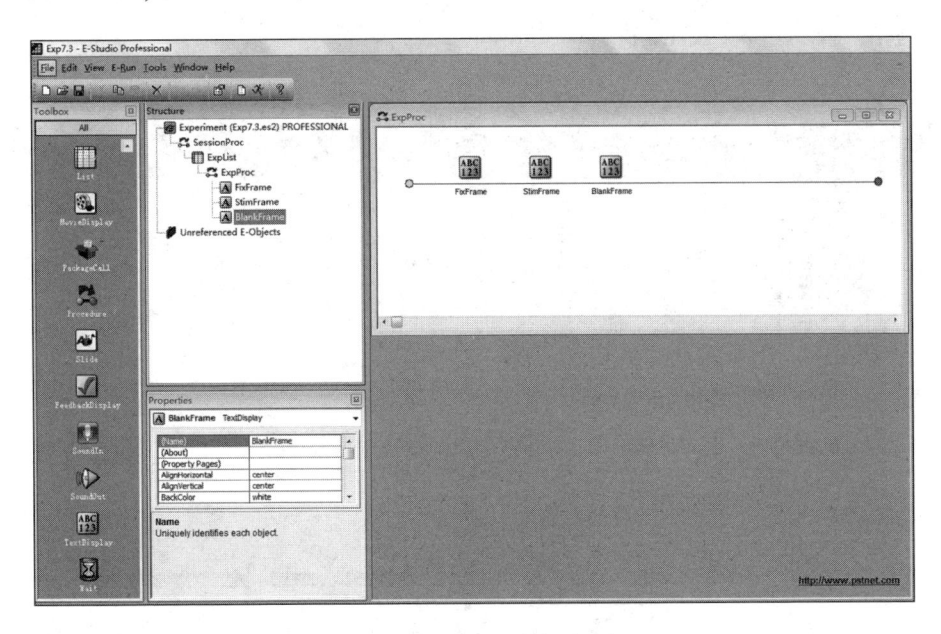

图7-3　随机选取多个项目（4）

第 7 章　Nested 功能的介绍　／ 097

步骤五：将 FixFrame 的 Duration 设定为 200 毫秒，并在 Text 的部分输入"+"。

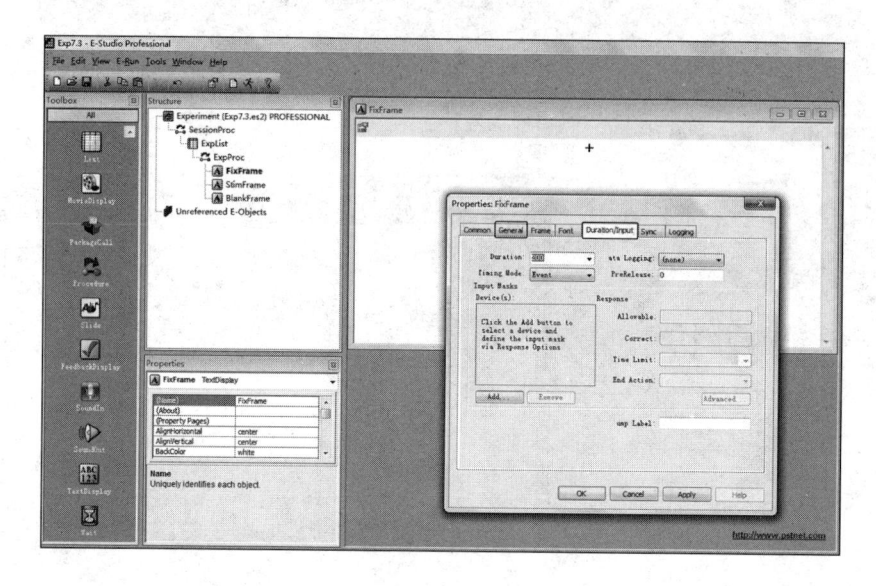

图7-3　随机选取多个项目（5）

步骤六：在 StimFrame Text 的部分输入 [num1] vs. [num2]，并在 Duration/Input 下设定 Duration 为 (infinite)、Device 为 Keyboard、Allowable 为 fj、Correct 为 [answer]，按下 Apply。

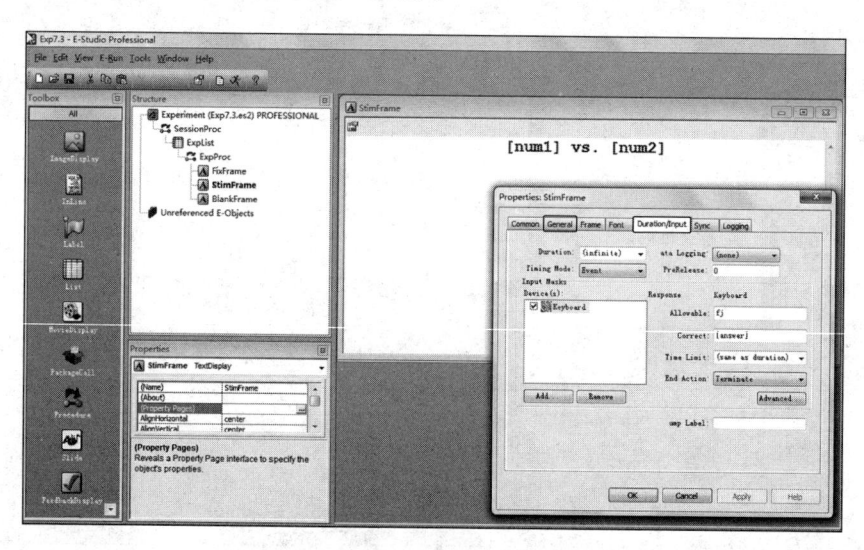

图7-3　随机选取多个项目（6）

步骤七：将 BlankFrame 的 Duration 设定为 500 毫秒。

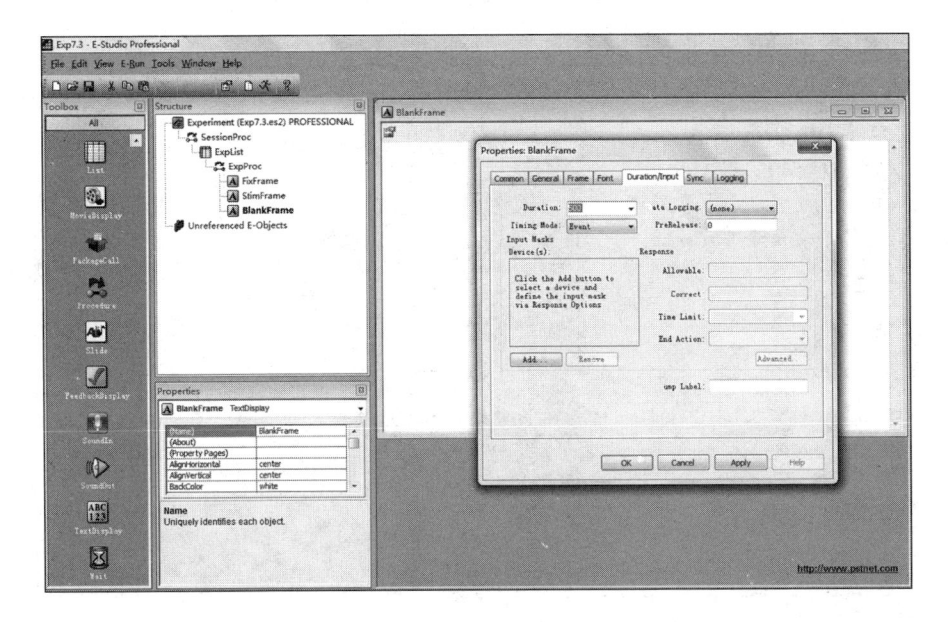

图7-3　随机选取多个项目（7）

步骤八：在 ExpList 新增三个 Attribute：num1、num2 与 answer，并在 num1 中填入 [number:0]、num2 中填入 [number:1]。

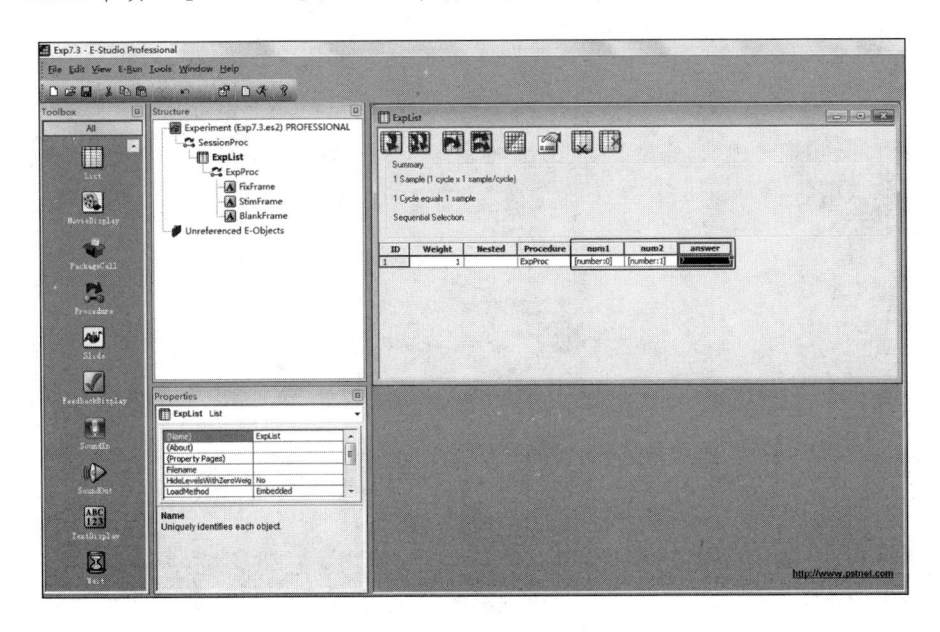

图7-3　随机选取多个项目（8）

步骤九：在 ExpList 中 Nested 的字段填入 NumList，并同意建立这个 List。

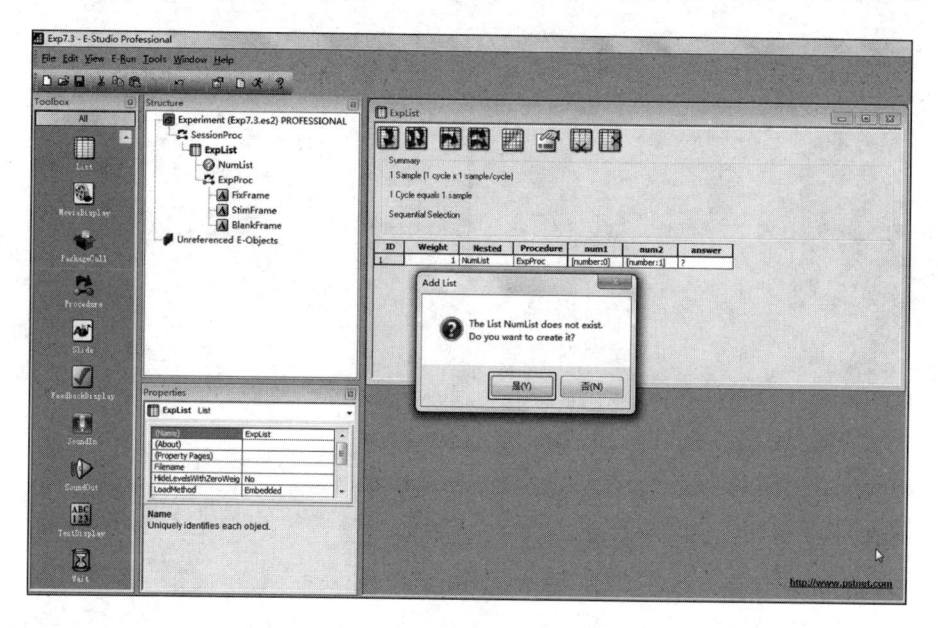

图7-3　随机选取多个项目（9）

步骤十：在 NumList 中，新增一个 Attribute 为 number，并增加 98 行，由上到下依序输入 1 ~ 99 的数字。

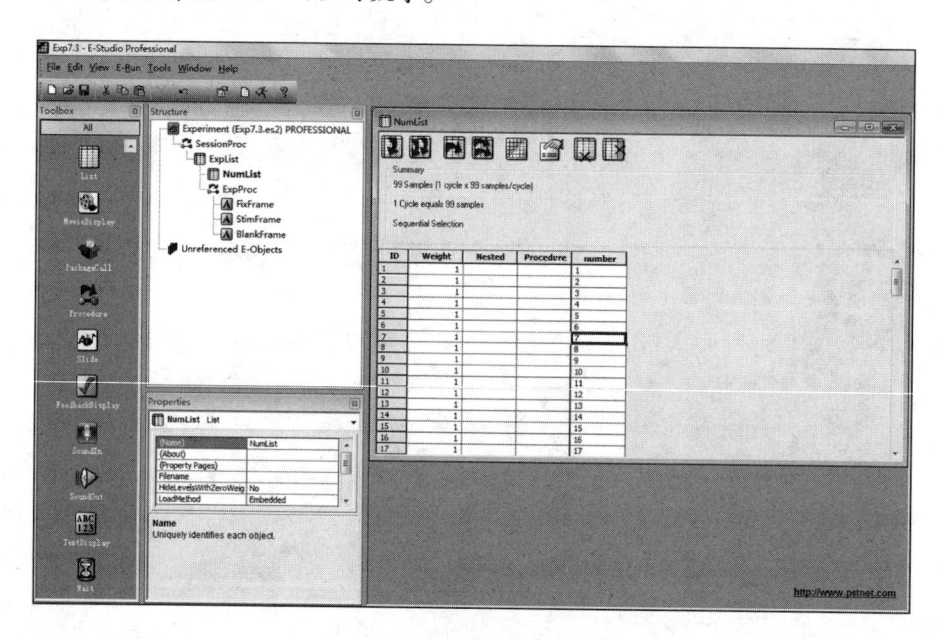

图7-3　随机选取多个项目（10）

步骤十一：将 NumList 设定为随机选取的，另外要请各位在 Reset/Exit 的部分勾选 Reset at beginning of each Run。❶

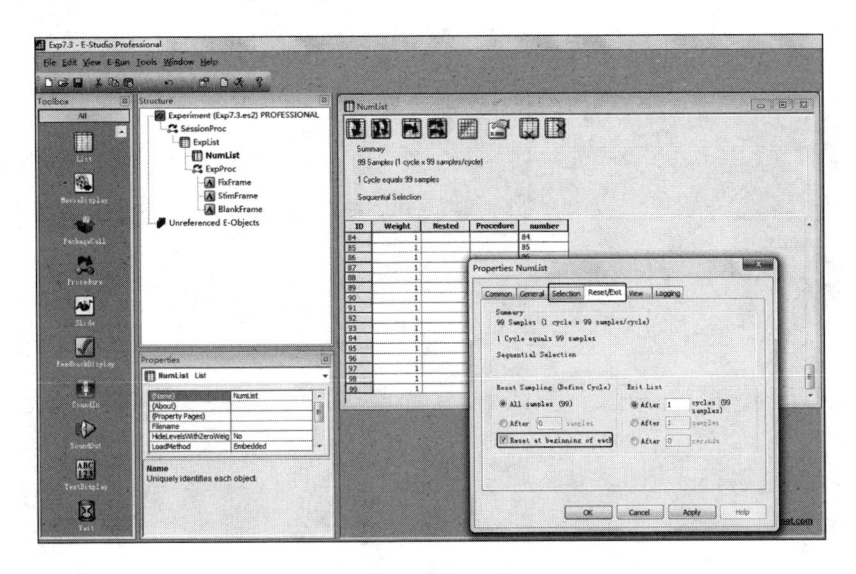

图7-3　随机选取多个项目（11）

步骤十二：拖曳一个 Inline 到 ExpProc，放在 BlankFrame 的右边（ExpProc 的最后面），并在里面输入如画面中的字样。❷

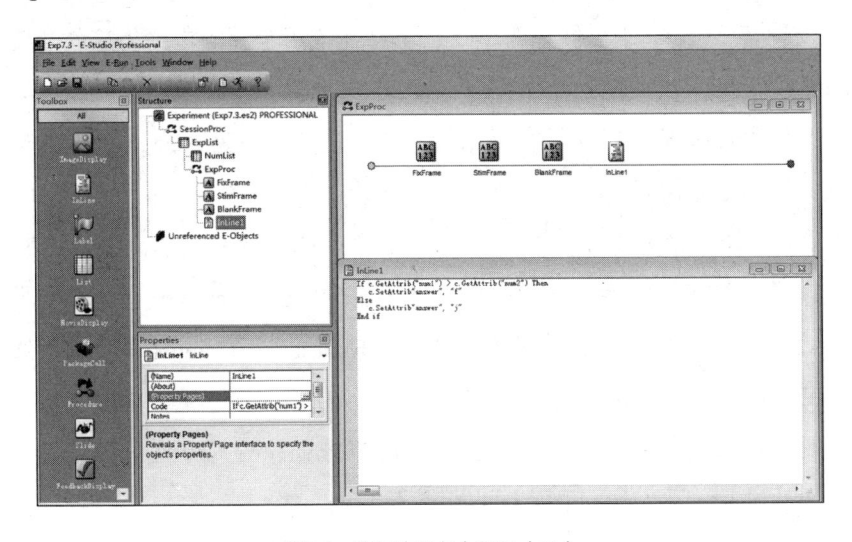

图7-3　随机选取多个项目（12）

---

❶　这样设定的目的是避免抽到同样的数字，详细原因请参考 Nested 功能的运作模式段落之介绍。
❷　Inline 的部分之后会介绍，这几行程序码的用意就是要设定正确答案，假设 num1 的数字大，正确答案就是设定为 f；假设 num2 的数字大，正确答案就是设定为 j。

第 7 章　Nested 功能的介绍　／101

步骤十三：将 ExpList 的 Weight 改为 5。

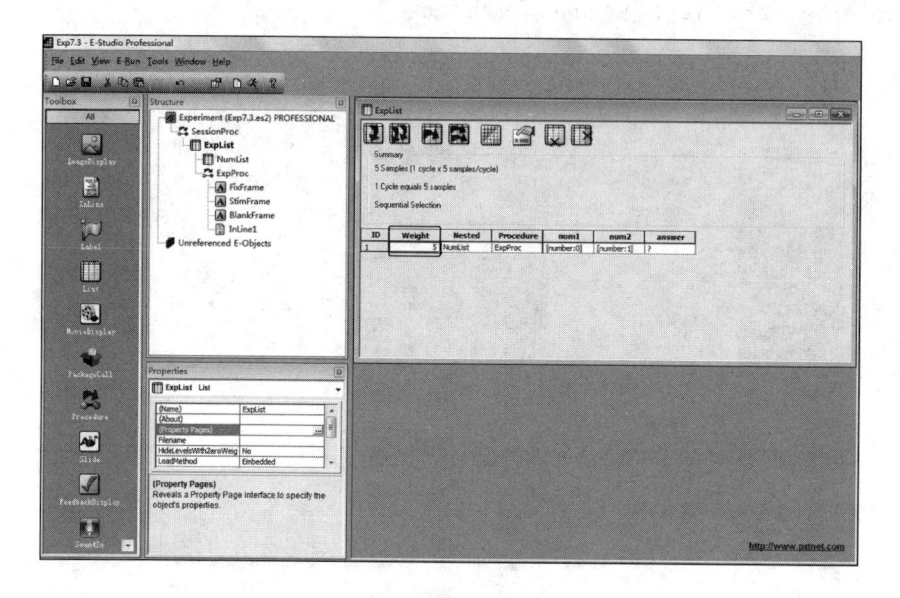

图7-3 随机选取多个项目（13）

存盘成为程序 7-3*，产生程序代码后执行，就会看到一次出现两个数字，目前设定是左边的数字大就应该按 f 键、右边的数字大就应该按 j 键。大家可以发现在 ExpList 中虽然只有一行，但却完成了全部的程序，这就要感谢 Nested 功能的帮忙。但初学者对于 Nested 功能通常感到相当恐惧，以至于写出来的程序非常烦琐，且容易出错。其实只要搞清楚 Nested 功能的运作方式，其实是非常方便的。

在程序 7-2 及程序 7-3 中，虽然都使用了 Nested 的功能，但大家有没有发现是有些许差异的；在程序 7-2 中，原本的 ExpList 并没有一个变量和 Nested 的 List 有关系；但在程序 7-3 中，ExpList 中的 num1 与 num2 都和 Nested List 中的 qnumber 这个变量有关系。从这两个例子的比较大家可以发现，其实可以直接在 Nested 的 List 中去定义 Procedure 中所需要的变量，而不需要通过 List 及 Nested 的 List 共同来作定义。●

● 要注意在 List 及 Nested List 中不要用同样的名称去命名变量，否则可能会造成程式执行以及结果分析上的困扰。

Nested功能的运作模式

在稍微了解 Nested 的功能后,我们来介绍一下 Nested 功能的运作模式。其实 Nested List 和一般 List 的运作方式是相同的,都是每执行一个尝试就会用掉 List 中的一行。要请大家想象,假设 List 中有 30 行,不论是否设定为随机,在执行一个尝试后,就会剩下 29 行。倘若 List 共有 30 行,但 Nested List 有 15 行,则在第 15 行用毕后,程序自动会再重复一次,即使程序中没有做设定,如图 7-4(A)所示。

另外一种情形是 Nested List 数目会超过 List 的数目,有 ExpList1 与 ExpList2,在 ExpList2 就会从剩下的 Nested List 的项目开始取用,若用完了才会重复一次,并非换了一个 List,Nested List 就会重新开始,请参考图 7-4(B)。

List1有30个项目	Nest1有15个项目	List1有15个项目	Nest1有30个项目
L1:1	N1:1	L1:1	N1:1
L1:2	N1:2	L1:2	N1:2
⋮	⋮	⋮	⋮
L1:15	N1:15	L1:15	N1:15
继续使用List1	重复使用Nest1	List2有15个项目	继续使用Nest1
L1:16	N1:1	L2:1	N1:16
L1:17	N1:2	L2:2	N1:17
⋮	⋮	⋮	⋮
L1:30	N1:15	L2:15	N1:30

(A)Nested List Row数目较少　　　(B)Nested List Row数目较多

图7-4　一般List和Nested List的运作模式

若实验中需要通过 Nested List 一次选取两个或更多的项目,则需要在 ExpList 中指定要抽取的项目是哪一个。例如在程序 7-3 中,num1 设定为 [number:0❶],就表示是要 Nested 的 NumList 残存的项目中,number 字段的第一行的刺激;num2 设定为 [number:1],则表示是要 Nested 的 NumList 残存的项目中,number 字段的第二行的刺激。

---

❶　E-Prime 中是以 0 当作第一个项目,其实很多程序语言都是如此。

另外，若一次需要抽取两个或更多的项目，会建议在 Nested List 要设定 Reset at beginning of each Run[1]。虽然这样的方式不是最理想的（没有办法确保实验参与者一定会看到所有 Nested List 中的项目），但至少可以确保不会随机抽到两个同样的东西，如图 7-5 所示，第五个试次的两个项目会是相同的。

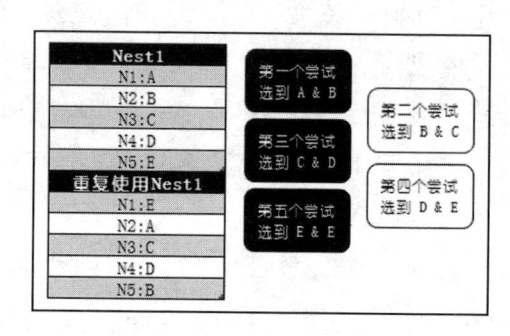

图7-5　Nested List抽到重复的项目

Nested List中的Nested List

首先，我必须承认这样的做法有点走火入魔，但有些程序确实会有这样的需求。例如某些项目要随机、某些要照顺序抽取，若只用 Nested List 功能，则无法达到此目的。因为这样的想法提供了程序更大的弹性，可以随机、序列然后又随机的去抽取所需要的刺激材料，但在命名时要特别小心。Nested List 中的 Nested List 运作方式基本上和 Nested List 相同，所以掌握 Nested List 的基本原则就可以了。

有的时候用 Nested List 中的 Nested List 纯粹只是写程序的人想要让程序写得很好看，看起来条理分明，对初学者而言不见得需要如此。

---

[1] 如果一次只抽取两个项目，则不一定要设定为 Rest at beginning of each Run。可以在 List 属性设定的 Selection 分页下，将 No repeat after Reset 设定为 "Yes" 即可。超过两个，则建议还是要 Reset at beginning of each Run。

104 / E-Prime 第一次用就上手

小 结

在不用 Inline 语法前，Nested 功能的使用对初学者来说是最困难的，但若弄清楚 Nested 运作的模式，其实没有想象中的困难。好好使用 Nested 功能，其实大部分的程序都写得出来，也可以写出简洁有力的程序。

章节挑战

1. 写一个数学能力检测的实验程序，程序中实验参与者会随机看到加法、减法、乘法及除法的题目，但每种类型的题目都是从简单到复杂。

提示：原本的 List 要随机呈现，但 Nested 的 List 要照顺序呈现。

2. 写一个程序要实验参与者判断画面上的两个英文字母是否皆为元音。

提示：List 中的每一行所 Nested 的 List 会是不同的。

小诀窍

可以利用修改 Nested List 的 Weight 来设定不同刺激材料出现的频率。

第 8 章

E-Prime 结果分析

对做实验的人来说，分析结果是相当重要的一个部分，E-Prime 最让人称赞的就是结果分析的便利性。不过先决条件是，程序要写得好，初学者最常犯的错误是程序没有写完整，造成数据分析时需要花很多时间做后制。所以提醒大家，在写程序的过程中要时时去思考这样的结果要怎么分析（善用 Attribute 的设定），是否有方法可以让分析更方便。

找到结果文件

建议大家可以利用程序 6-4 搜集一些数据，这样才有数据可以照着本章介绍的方法来练习分析 E-Prime 的结果。

分析数据的第一个任务是要找到结果文件，E-Prime 的结果文件会和实验程序被放在同一个路径下，建议大家为每个实验建立一个独立的文件夹，在结果分析时较不会发生错误。需要的档案为 .edat 的文件类型。

完成实验的实验参与者基本上会有 .edat 及 .txt 文件，在连结 E-Prime 与 fMRI 使用时，往往会需要参考 .txt 的信息，这个部分就需要很多后期的处理了，也不是本书会介绍的范围。倘若有实验参与者因故没有完成实验，则不会产生 .edat 文件，但会有一个 .txt 文件的形成。

在少数情境下，实验参与者虽然没有完成实验，但我们仍会想要分析他们的数据，此时必须透过 E-Recovery 来做数据的复原。首先，要请大家在程序集 → 开始 → 找到 E-Prime 的文件夹 → 选择 E-Recovery，如图 8-1 所示。

点开 E-Recovery 后会看到如图 8-2 所示的画面，请点选 Browse，找到你需要恢复的那笔数据的 .txt 文件。找到之后按下 Recover 的选项，就会自动产生 .edat 文件，同样会放在和程序所在的同一个路径下。因为按完 Recover 后不会有什么反馈的画面，大家不要觉得很奇怪，去找找看就会看到有新的 .edat 文件产生了。

图8-1　找到E-Recovery

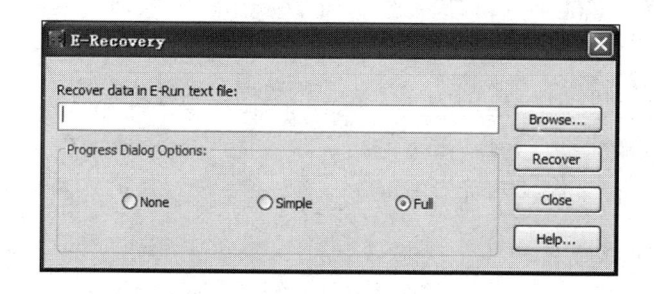

图8-2　E-Recovery的选单

将结果文件合并

在大多数的实验中，我们会搜集一定数目的实验参与者的数据，在结果分析时我们需要先把这些结果文件合并，以利于后续的分析。当然若有时间，想要一笔一笔分析也是没有问题的，但强烈不建议这么做。

首先，要请大家在程序集 → 开始 → 找到 E-Prime 的文件夹 → 选择 E-Merge，如图 8-1 所示。点开 E-Merge 后就会看到如图 8-3 的画面，此时要找到结果文件所在的路径，并且把需要合并的文件反白，然后按下 Merge 按钮。程序会问你要如何命名，用一个对你而言有意义的方式来命名；程序会问你这个文件尚未存在，你是否要建立这个文件，选择 OK 就可以了。此时就会看到同一个路径下，新增了一个 .emrg 的文件。

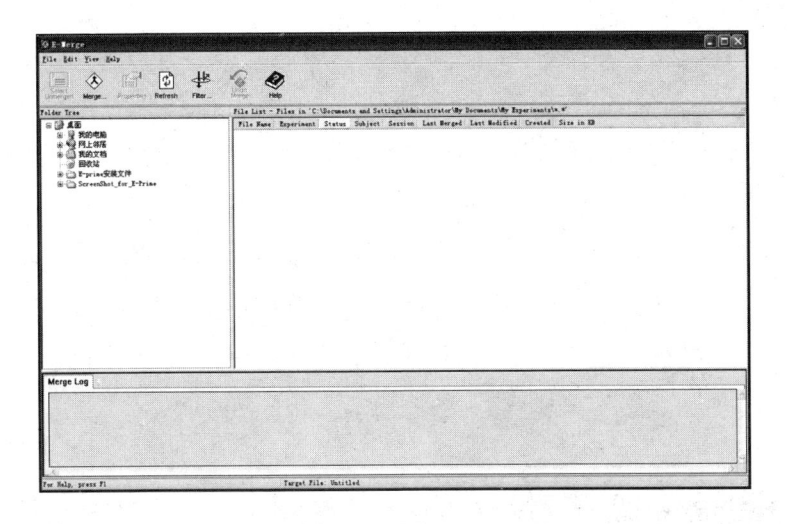

图8-3　E-Merge的选单

若在结果分析的过程中已经先产生了一个 .emrg 的文件，后来新增的数据也可以继续合并在那个 .emrg 文件中，只要在合并时告知程序即可。在合并文件的过程中，下方的画面（如图 8-4 所示）会告知有多少文件被合并，并且告知为何有些文件没有被合并，大家可以留意一下。通常没有被合并的文件都是有问题的，建议直接删除。

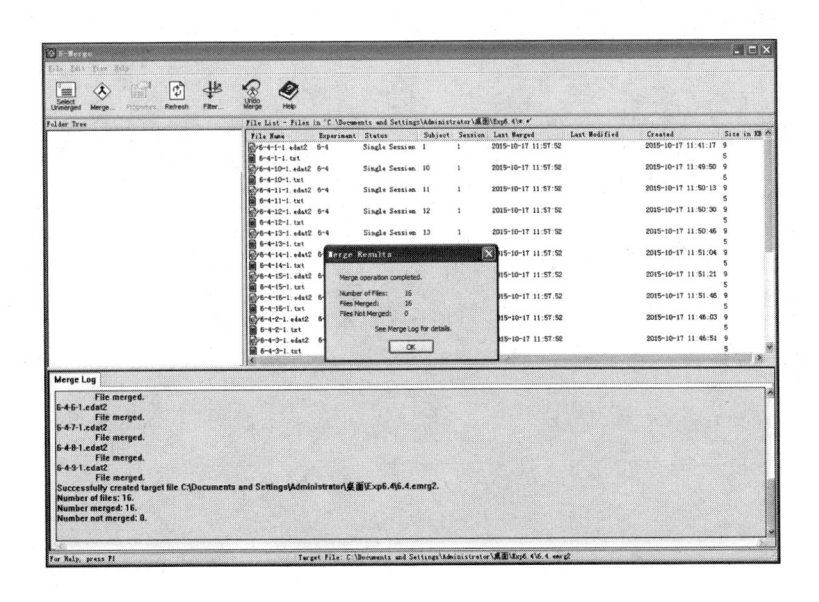

图8-4　合并文件时的信息

浏览结果文件

虽然每一个 .edat 文件也可以直接打开、被分析，但我们建议大家不要这么做。以下介绍的内容 .edat 及 .emrg 文件都适用。要打开结果文件，就在文件名上点两下，文件就会在 E-DataAid 下被开启，会看到如图 8-5 所示的画面。

图8-5　E-Prime的选单

在多数的情形下 E-Prime 的结果文件字段会非常多，让人眼花缭乱，我们会建议大家先用肉眼快速浏览，看看是否有不寻常的地方，例如太多 NULL，或是在正确率的字段太多 0（显示实验参与者答错了）。当然这个任务对初学者来说实在太困难了，所以我们建议大家可以先去 Tools 下选择 Arrange Columns，如图 8-6 所示。

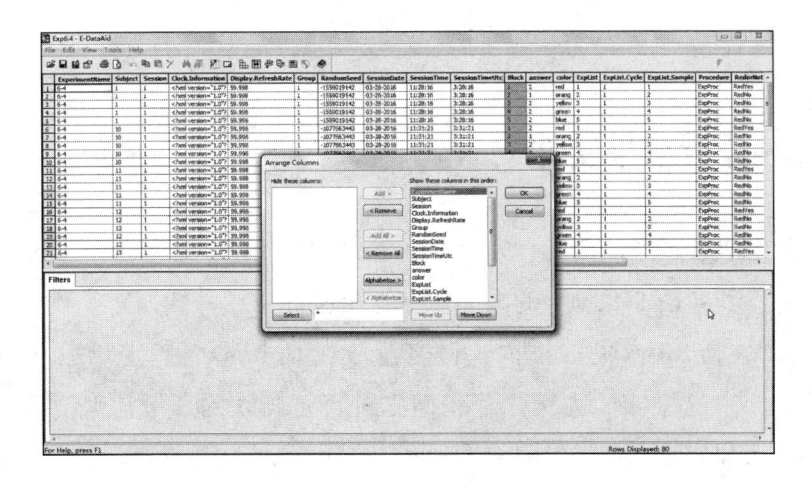

图8-6 Arrange Columns

大家可以先选择 Remove All，然后把需要的字段加进去，一定需要的是 Subject，以及实验中的自变量、因变量等选项。请大家利用程序 6-4 搜集一些数据（程序 6-4 并非完美的程序，但在练习数据分析上是没有问题的）。以这个实验为例，需要的字段为 Subject、RedorNot、StimFrame.ACC、StimFrame.RT、color。在选择完之后按下 OK，就会发现结果文件变得清爽多了。❶

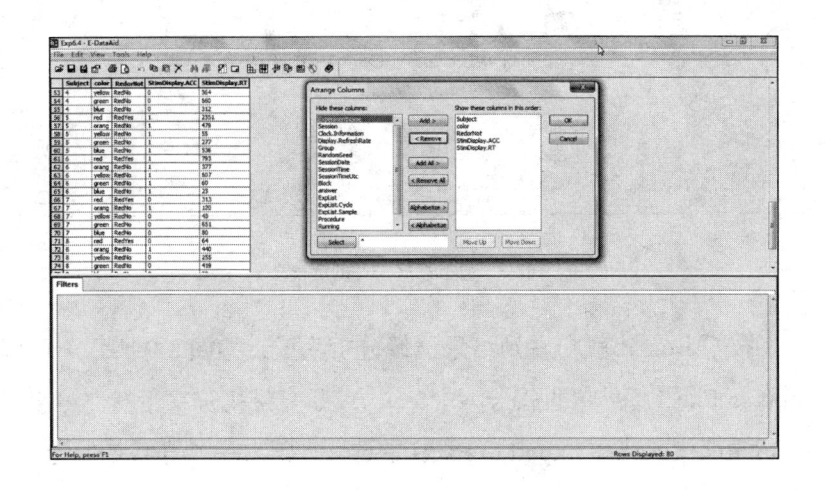

图8-7 Arrange Columns后的结果

---

❶ 没有呈现出来的档位并非被忽略，只是没有被呈现。但若用 filter 过滤结果文件，被过滤掉的就不会被放入分析。

第 8 章　E-Prime 结果分析　／113

分析结果文件

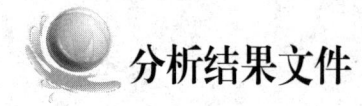

浏览结果文件，若没有太大的问题，就可以到 Tools 选择 Analyze，然后会看到如图 8-8 所示的画面。在这个画面中，一般而言[1]我们会把 Subject 放到 Rows 的框框内，自变量放在 Column，因变量放在 Data 的部分。以这个实验为例，若我们先进行正确率的分析，则要请大家把 Subject 放到 Rows，RedorNot 放到 Columns，StimFrame.ACC 放到 Data，如图 8-8 所示。

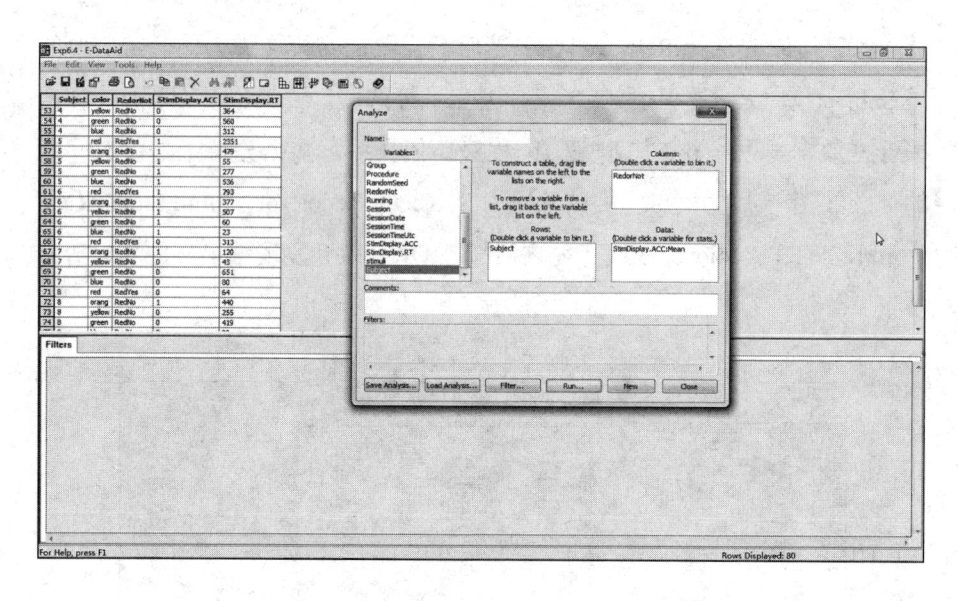

图8-8 分析结果文件的选单

只要按下 Run，就会看到结果已经分析完成，如图 8-9 所示。可以按下 Export to Excel 把结果直接导入 Excel，或是直接拷贝，当然也可以导入 SPSS，但建议大家选择 Export to Excel 的选项，因为除了结果文件之外，也

---

[1] 因为一般的试验都是 by subject 去做分析，若要 by item 做分析，则要把 Subject 放到 Column。

114 / E-Prime 第一次用就上手

会把分析时所设定的一些相关信息都导入到 Excel 留存❶。

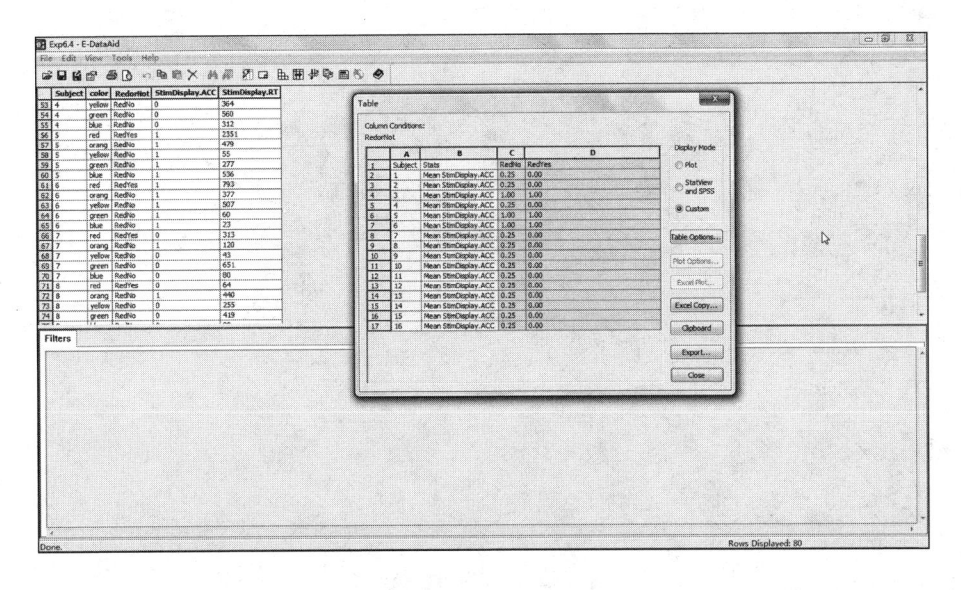

图8-9　E-Prime分析的结果

倘若我们觉得这次分析所设定的选项，之后还会用到，可以选择图 8-8 左下方 Save Analysis 的选项，命名这个分析的方式，日后分析时，只要在 Load Analysis 选择这个分析的方式，系统就会自动帮你把变量放到你先前存档的分析方式中所指定的字段内。

E-Prime 除了最基本的分析外，也可以设一些过滤器，例如在分析反应时间时，我们通常不会分析答错的试次。此时就会用到 Filter 的功能，直接点选图 8-8 正下方的 Filter，就可以设定一些过滤器。以这个结果文件为例，若我们要分析 StimFrame 的反应时间，请参考图 8-10 的步骤。

---

❶ 文件过大时，Export to Excel 有时候会需要较长的时间，或有可能当机。

步骤一：在 Column name 选择 StimFrame.ACC

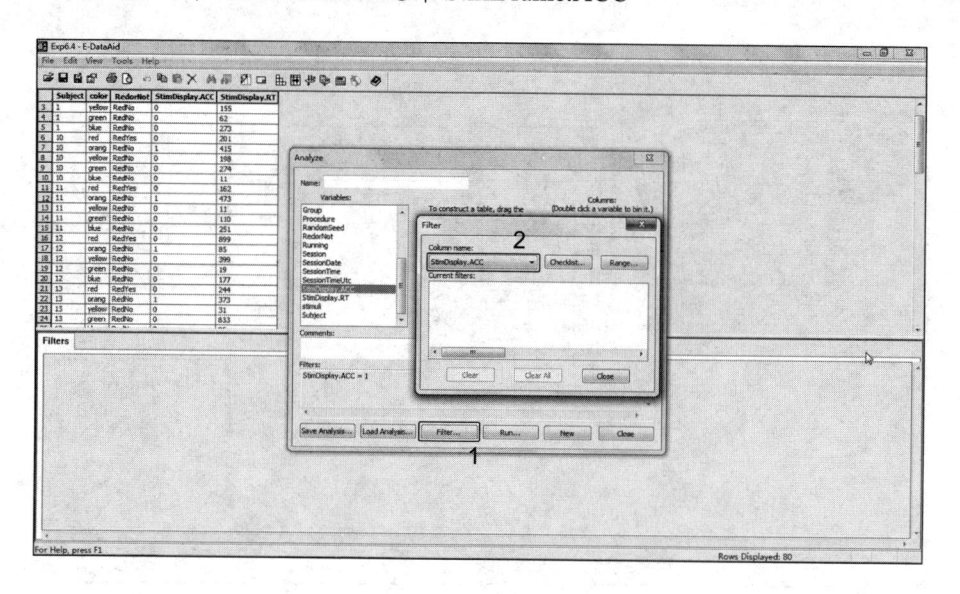

图8-10　设定正确率的过滤器（1）

步骤二：选择 CheckList

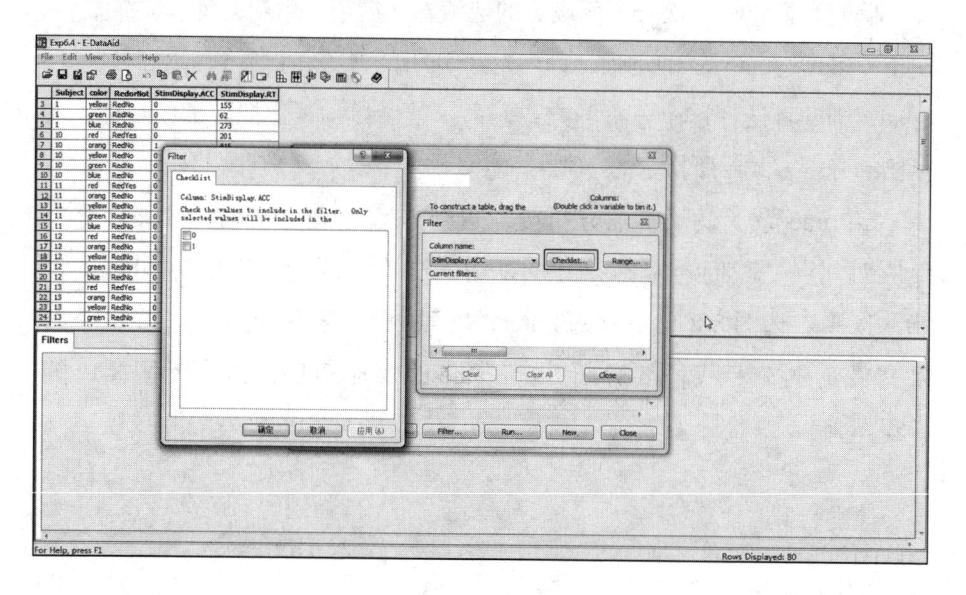

图8-10　设定正确率的过滤器（2）

步骤三：勾选1（表示我们只要分析StimFrame答对的试次）

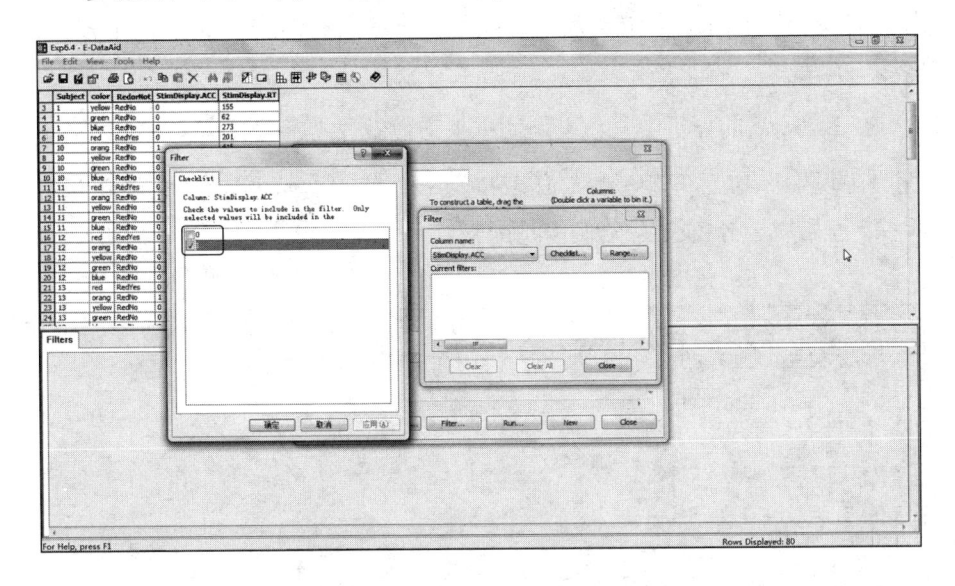

图8-10　设定正确率的过滤器（3）

步骤四：按下Close即可

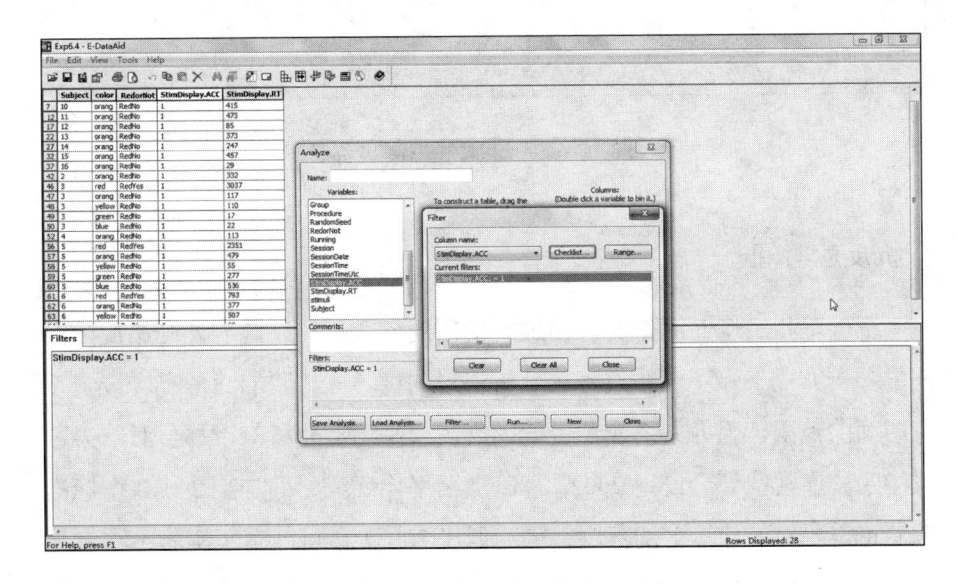

图8-10　设定正确率的过滤器（4）

第8章　E-Prime结果分析　／117

并非所有的过滤器我们都会设定用 CheckList，例如若要设定反应时间，则我们会利用 Range 来做设定，但按下 Range 后有时候可能会跑比较久，请按耐心等待。

在 E-Prime 的分析中，预设是使用平均数做分析，但其实它也提供了用其他指标做分析的可能性，只要在 Data 字段，在变量上面点两下，如图 8-11 所示，就可以选择自己所欲采用的指标。

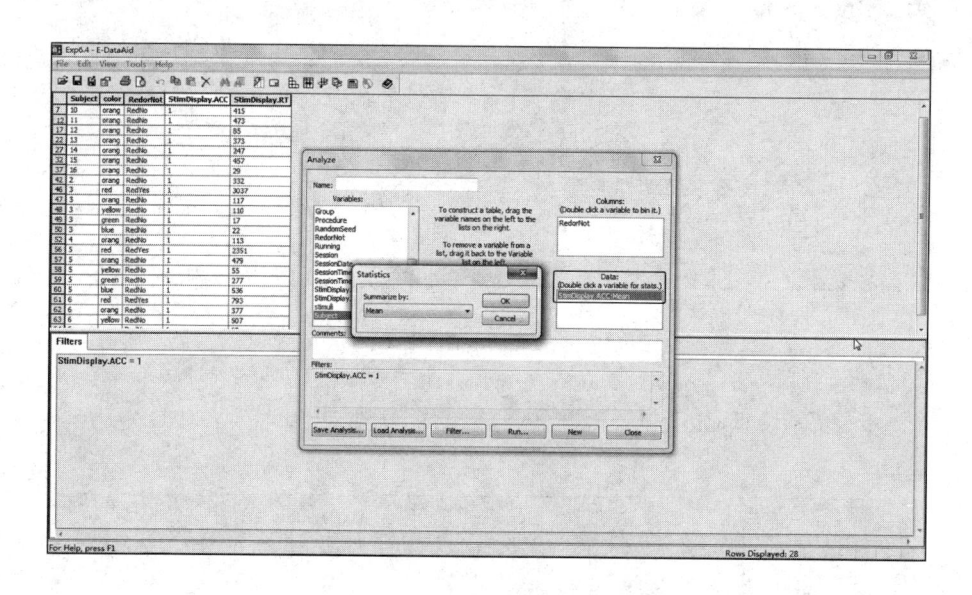

图8-11　设定使用其他指标做分析

分析反应时间

正确率和反应时间是实验中最常使用的自变量，在此另外介绍反应时间的分析方式。除了上述设定只分析答对的试验外，我们通常也会设定反应时间的范围，因为太快或太慢的反应在用平均数分析时，都会对结果造成影响。通常我们会设定 200 毫秒以上至平均反应时间加上 2 或 3 个标准偏差（需要另外计算）的范围，因为低于 200 毫秒可能暗示实验参与者是乱按的，太慢的试验有可能是因为实验参与者分心了，或是前一题答错了，因此格外的小心。

要做这样的设定，同样要先点选 Filter，然后选择 StimFrame.RT 后，选择 Range，然后照图 8-12 做设定，按下 OK 就可以了。

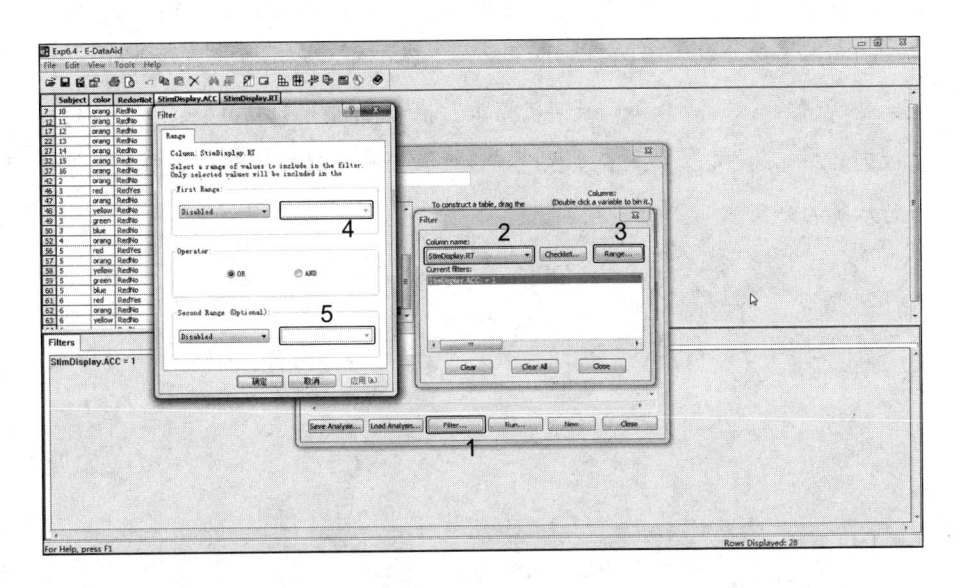

图8-12 设定反应时间的范围

小 结

结果分析的部分其实可以设很多的 Filter，不同实验有不同的需求，但原则是相同的，掌握基本的应该就没有问题了。

章节挑战

对同一批数据针对正确率做分析，此外要和分析反应时间时设定相同的反应时间范围。

提示：记得要移除不需要的 Filter 设定。

小诀窍

1. 要避免分析练习阶段的试验，记得在 Filter 把 PracProc 勾选 NULL，这

第 8 章 E-Prime 结果分析 / 119

样就可以避免练习阶段的结果影响整体实验的结果。

  2. 一般而言都是针对实验参与者做分析，但有的时候为了确保实验结果并非因为某些特殊的刺激材料所造成的，也会需要针对刺激材料项目做分析，也就是所谓的 by item 分析。做法很简单，把 Subject 放到 row、刺激材料的变量放到 column 就可以了，不过要记得另外注意刺激材料的属性类别，才方便进行后续的分析。

第9章
Inline 语法使用基础篇

E-Prime 之所以会受到欢迎是因为它很容易，只要利用简单的拖曳，就可以写好程序，比起一些其他的软件容易上手。此外，若搭配 Inline 语法的使用，几乎可以完成大部分的实验设定，可以说是没有什么无法达成的。

E-Prime 的语法建构在 Visual Basic 之上，所以懂 Visual Basic 的朋友在撰写语法上会相对容易，但就算没有基础也没有关系，Inline 没有想象中的困难。这个章节会介绍 Inline 的基础，下一个章节会介绍一些进阶的应用。

定义变量

会用到 Inline 通常是因为需要针对一些变量去做设定，此时也会需要搭配一些变量的使用，例如在第 5 章时我们介绍了用 AskBox 来搜集实验参与者输入的资料，就定义了"string"为一个字符串的变量（dim Answer as String）。

在哪里定义变量

在 E-Prime 中可以在两个地方定义变量，首先是在 Script 的部分，大家可以回想在第 2 章介绍过的内容，按下 Alt + 5 会出现一个 Script 的窗口，就是要在这个地方进行定义。这个窗口的下方可以选择 User 或是 Full 的分页，我们只能够在 User 这个分页去做设定（如图 9-1 所示），Full 的分页是 E-Prime 本身产生程序代码的部分，是没有办法手动做修改的。在 User 分页下定义的变量可以在整个程序中被使用，所以若有一些变量是整个程序都需要的则要在这里进行定义。

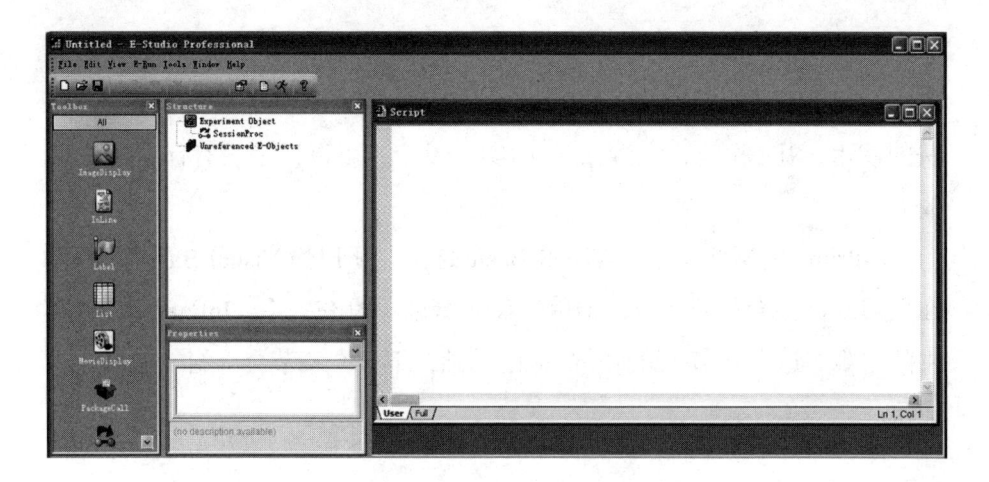

图9-1　在User分页下定义变量

第二个可以定义变量的方式是在 Inline 元素中，只要拖曳一个 Inline 到 SessionProc 上的任何位置，然后在 Inline 中进行定义就可以。这样的设定方式，Inline 变量只会影响在它右边（也就是时序上较晚的）的程序；假设 Inline 是被拖曳到某个 Procedure 中，那么仅有那个 Procedure 会受到 Inline 中所定义的变量的影响。所以要看实验的需求来决定，究竟要在哪个地方定义变量。

如何定义变量

定义变量的方式非常简单，只要用"dim 某变量 as 某属性"的指令就可以了，变量名称的命名基本上和先前介绍过的命名注意原则相同：不能用数字为首的命名方式，此外不要用一个与程序内在变量相同的名称来命名（例如 end、begin 等）。另一个需要注意的是大小写问题。表 9-1 也列出了常用的变量，在 E-Prime 的使用说明手册中有更详细的介绍。

其实除非特殊的需求，否则用 integer 和 string 这两类变量就可一招行遍天下了，我们会举例让大家知道。

表9-1　常用的定义变量类型

用法	含义
Dim tempnum as integer	定义tempnum为整数，起始值为0。
Dim temptime as long	定义temptime为数字，可以接受较大的数值，起始值为0。
Dim tempword as string	定义tempword为一个字符串，若没有定义则是一个空集合（没有内容）。

让变量和程序产生关系

之所以会需要使用 Inline，是因为利用既有的拖曳功能已经没有办法完成实验的需求，或是要用一个比较简单的方式来完成程序的撰写。既然如此，就要能够对变量做一些操纵。首先大家要搞清楚，利用 Inline 的方式定义变量，和先前在 List 中定义变量是不同的。在 Inline 中若要针对 List 中定义的变量进行操纵要把这些变量叫出来，但若是用 Inline 定义的变量则直接可以进行操作。[1] 以第 5 章用到的 Inline 为例子。

```
dim Answer as String
Answer = askBox("Please type the numbers.")
c.SetAttrib "EnterResponse.RESP", Answer
```

表 9-2 用口语的方式来解释 Inline 语法。若没有第三行的 Inline，则即使实验参与者在 AaskBox 中输入了 786541，则在结果文件也不会有记录。只有在加入第三行的 Inline 后，才会看到 EnterResponse.RESP 字段记录到 786541。会有这样的差异是因为 Answer 是在 Inline 中才定义的变量，所以不会被储存下来。

---

[1] 这两类变量另外一个差异就是用 Inline 定义的变量不会自动被储存在结果文档，但用 List 中定义的变量会自动被储存在结果文档。

表9-2　Inline语法解说（1）

dim Answer as String	先定义Answer是一个字符串变量。
Answer = askBox("Please type the numbers.")	定义Answer等于AskBox（跳出请实验参与者输入的那个窗口）内输入的内容。
c.SetAttrib "EnterResponse.RESP", Answer	定义EnterResponse.RESP的值就是等同于Answer的字符串，并且会将EnterResponse.RESP做储存。

抓变量

要让那些在List中定义的变量所指称的内容可以被操作，我们必须要把那些变量抓出来，只要在Inline中输入"c.GetAttrib（'List定义的变量名称'）"，就可以把变量所指称的内容抓出来了，通常会设定某变量 = c.GetAttrib……

让我们回顾一下第7章中出现过的Inline

```
If c.GetAttrib("num1")> c.GetAttrib("num2")then
    c.SetAttrib "answer", "f"
elseif
    c.SetAttrib "answer", "j"
end if
```

表9-3用口语的方式来解释上述的Inline语法。

眼尖的朋友可能会有个问题，为什么f和j都要用引号框起来？大家可以想想，如果没有用引号框起来，就表示那是一个用Inline定义过的变量名称，如果我们先前没有定义一个变量为f（例如dim f as integer），则在产生程序代码时也会出现错误信息。用引号框起来的目的，就是告诉程序这是一个字符串，不是变量。

表9-3　Inline语法解说（2）

If c.GetAttrib（"num1"）> c.GetAttrib（"num2"）then	请程序比较num1是否比num2所指称的值来得大，若为真要执行下面的指令。
c.SetAttrib "answer", "f"	把answer这个变量定义为f。
elseif	指如果num1没有比num2大时则要执行下面的指令。
c.SetAttrib "answer", "j"	把answer这个变量定义为j。
end if	告知程序判断式结束了，如果没有加上end if，则在产生程序代码时会出现错误信息。

储存变量

在上面的例子中其实也让大家看到怎么储存变量了，就是用"c.SetAttrib 'List定义的变量名称'，用引号框起来的内容或某个Inline定义的变量名称"。例如在上面例子的第二行，我们定义了List中的Answer这个变量的值等于f。又在c.SetAttrib "EnterResponse.RESP", Answer这个例子中，我们定义了List中EnterResponse.RESP这个变量的值等于在Inline中定义的Answer这个变量。

小心使用Inline定义的变量

用Inline定义的变量固然让程序撰写增添了不少弹性，但使用上也要非常小心，因为非常容易出错，而且这些错误在产生程序代码时不见得会被侦测到。Inline放的位置非常重要，因为E-Prime是一个线性结构，所以基本上在前面的程序会先被执行，在撰写时要格外小心，尤其是若Inline中有需要抓List中定义的变量值或是重新储存List定义的变量时，Inline写在不同的位置会有完全不同的结果。

搭配判断式的使用

在介绍了如何操纵变量后，接着就是要简介一些常用的判断式。

1. "If... then... end if"：最常使用的判断式，就是请程序做一个条件的判断，若符合时执行什么指令。也可以在 then... 之后加上 elseif，就可以定义若不符合时要做执行什么指令。

2. "Do... until..."：就是要程序执行 Do 之后的指令，直到符合 until 后所定义的条件。

3. "< >"：不等于，除了 > 和 < 外也很常用的判断。

4. """ ""：引号中没有东西，也就是告诉程序，你定义了一个空集合。通常是当程序需要判断实验参与者是否有按键时使用，例如 if c.GetAttrib "StimFrame.RESP"< > "" 就是定义如果 StimFrame 这个画面实验参与者有按键时要执行后续的程序代码；若没有按键则不会进入这个循环。

5. "Random（A,B）"：会在 A 和 B 这两个数值间随机产生一个整数。

6. 各位若还记得我们在第 5 章有提到在 2.0 Standard 的版本中要设定多个正确答案，需要使用 Inline 来做设定，现在我们来说明该怎么做。首先假设我们在 List 中用 ans1 与 ans2 来定义两个正确答案，实验参与者按键反应的画面为 StimFrame，我们会写下列的 Inline 来设定 StimFrame 是否答对，不论实验参与者按键是符合 ans1 或 ans2 的设定答案，系统都会记录实验参与者那道题是答对的。

```
If c.GetAttrib ("StimFrame.RESP") = c.GetAttrib ("ans1") then
        c.SetAttrib "StimFrame.ACC", 1
End if
If c.GetAttrib ("StimFrame.RESP") = c.GetAttrib ("ans2") then
        c.SetAttrib "StimFrame.ACC", 1
End if
```

小 结

指令实在太多了，大家可以参考 Visual Basic 的指令，但其实用 If... then... 真的就可以打遍天下了。重要的是想出程序的逻辑判断式，这往往是比较困难的部分，下一个章节我们要介绍一些大家实验中常会需要使用到的 Inline 功能。

章节挑战

1. 写一个程序，会根据实验参与者输入的内容而更改下一个画面会出现的内容。

提示：可以将下一个画面呈现的内容设定为一个 List 所定义的变量 A，然后在这两个画面间加入一个 Inline，内容为设定该变量 A 的值。

2. 写一个程序，只用一个 List，但实验参与者每做 10 个试次后就要休息 10 秒，然后才会继续做实验。

提示：这个程序有两种写法，若用目前已经介绍的内容，则可以在每个试次的最前面或最后面加一个空白的画面，并且用 List 所定义变量来设定这个画面的呈现时间，然后透过 Inline 来改变呈现时间的数值。另一个写法，需要利用 Goto... Label 的语法，下个章节会做介绍。

小诀窍

c.GetAttrib("abc") 和 c.GetAttrib(abc) 是不同的意义，前者会去抓 List 所定义的 abc 这个变量的值，后者会去抓 Inline 所定义的 abc 这个变量的值。灵活运用这样的差异可以让程序更有弹性。

第 10 章
Inline 语法使用进阶篇

Inline 语法其实是非常好玩的东西,但范围实在太广了,我们没有办法一一介绍,其实作者也是需要的时候用 Google 搜索一下别人的做法。在 Google 上有讨论团体(http://groups.google.com/group/E-Prime),专门在讨论 E-Prime,除此之外,E-Prime 公司本身的售后服务也非常赞,有注册的账号,只要向他们提问,基本上两天内会收到解答,他们甚至会帮忙写程序的范例!

在这个章节,我们介绍一些常用的 Inline 语法,建议大家打开程序文件,搭配文字阅读。

针对练习阶段做一些设定

设定练习阶段的门槛

练习阶段顾名思义是要让实验参与者能够熟悉实验,但有时候练习阶段的用意更希望让实验参与者的表现达到一定的水平,以降低个别差异对于结果造成的影响。所以有的时候会设定正确率要达到某一个水平,才能够进入正式的阶段。要请大家先用文字的方式来想象该怎么做(参考图 10-1):首先,程序需要能够记录实验参与者在练习阶段的表现;第二步,要设定一个判断式,如果实验参与者达到那个水平,才能够进到实验的下一个阶段。

```
记录练习阶段的表现  →  确认 FeedbackDisplay 的设定是正确的

根据表现决定程式进行的方式

  通过,进入正式阶段
                        If feedback1.ACCStats.Mean < 0.8 Then
  没通过,重做一           Feedback1.ACCStats.Reset
  次练习阶段               Goto Label1
                        End If
```

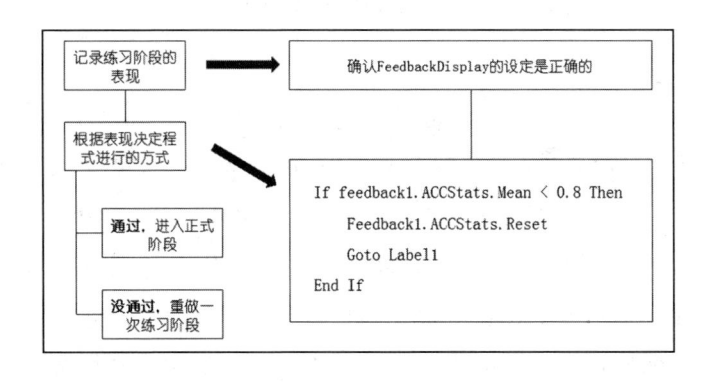

图10-1 解说如何设定练习阶段门槛

用程序的语言该怎么做呢？针对第一个步骤其实很简单，只要有设定 FeedbackDisplay，并且做正确的设定，E-Prime 有内建的程序代码会记录 FeedbackDisplay 的正确率（假设实验中 FeedbackDisplay 被重新命名为 feedback1，则 feedback1.ACCStats.Mean 就是练习阶段正确率的平均值）及反应时间（feedback1.RTStats.Mean）。

第二个部分我们需要写一个程序代码，下列的程序代码是将标准设置在 80% 正确率（E-Prime 中用 0 至 1 表示正确率，所以 80% 要用 0.8 表示），并告知正确率若没有达到 80%，则需要跳到 Label1。

```
If feedback1.ACCStats.Mean < 0.8 Then
    Feedback1.ACCStats.Reset
    Goto Label1
End If
```

Label 是我们之前没有介绍过的元素，其实 Label 就是在程序中设定几个位置，让实验的流程可以回到过去，如同先前提到的，E-Prime 或大部分程序其实都是一个线性的运作方式，都是一去不复返的，除非做一些特别设定。Label 就是提供这个可能性。但要注意的是指定要去的那个 Label 和 Inline 必须在同一个 Procedure 上，也就是说不能随便跳来跳去！请参考程序 10-1[*] 的范例，就可以发现 Label1 和 Inline1（也就是有指定要 Goto Label1）都是在 SessionProc 上，所以是没有问题的。

画蛇添足篇

在范例中，会根据实验参与者练习阶段的表现来更改 EndPrac 所呈现的文字，这个是专属于 TextDisplay 的用法，直接在 Inline 中定义 EndPrac.Text = "所要呈现的文字"，就会覆盖原本 EndPrac 这个 TextDisplay 原本的文字。有不同的文字设定是重要的，否则实验参与者会觉得很奇怪，怎么练习阶段做也做不完（即使在一开始的指导语已告诉他们，但实验参与者几乎都不会念指导语的）。

如果要用图片文件，基本上没有那么便利，必须先把 ImageDisplay 的文件名设定为一个变量，然后在 Inline 中根据实验参与者的表现来定义这个变量的值（请参考程序 10-2*）。

再认实验

在心理学的研究中再认实验是很常使用的一个实验典范，但若实验参与者在第一个阶段看到的刺激材料是随机抽取的，则要写这样的再认作业程序是非常困难的。

请大家用文字的方式想象要怎么写这样的程序：首先，学习阶段要从一个刺激材料库中随机抽取一些刺激材料，并且将这些刺激材料定义为旧的项目（也就是实验参与者看过的）；第二步，再认阶段要呈现一些新的、一些旧的刺激材料，这两种刺激材料都是从同一个刺激材料库中选出来的。

我们从简单的开始讲，若大家还记得 Nested 功能运作的方式，基本上若都是从同一个 List 中去选择刺激材料，则先前没被选到的就会被留下来，所以再认阶段"新项目"的抽取很简单，只要定义从哪个刺激材料库中抽取即可，比较麻烦的是要把"旧项目"暂存。首先需要创造一个暂存的 List（tempList），并且算好这个 List 要有多少项目（一般的再认实验，再认阶段有一半的项目是新的、一半是旧的，在程序 10-3* 中，刺激材料列表 numList 有 18 个项目，则这个暂存的 List 要有 9 行）。另外要确认暂存的清单中，也有定义你所要储存的变量。

请参考程序 10-3 及图 10-2。从图 10-2 我们可以看到 EncodeList 中有一个 Nested List 为 numList，而在 RecallList 中则有两个 Nested List：numList 与 tempList。所以基本上我们要把在 EncodeList 中已经使用过的 numList 项目储存至 tempList，之后从 tempList 中所选取的刺激材料会是旧的，从 numList 中所选取的刺激材料会是新的。

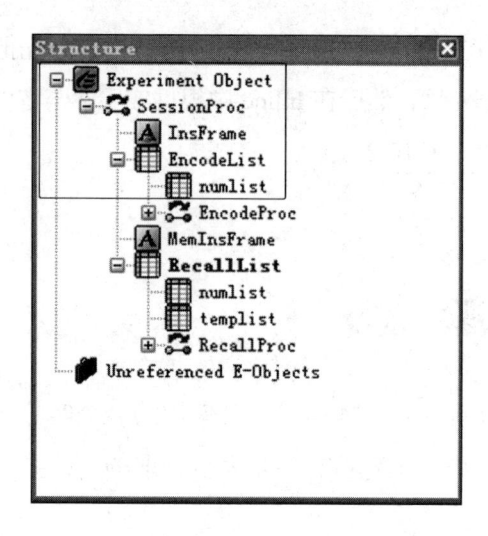

图10-2　程序10-3的结构

然后通过tempList.setattrib tempcount,"List定义的变量",或Inline定义的变量来把旧的项目暂存到tempList。"tempList.setattrib"是告知程序你要针对tempList的变量来做定义,tempcount是用来告诉程序,要把这个暂存的刺激放到tempList的第几行,接着就是定义变量的值,请参考图10-3的说明。

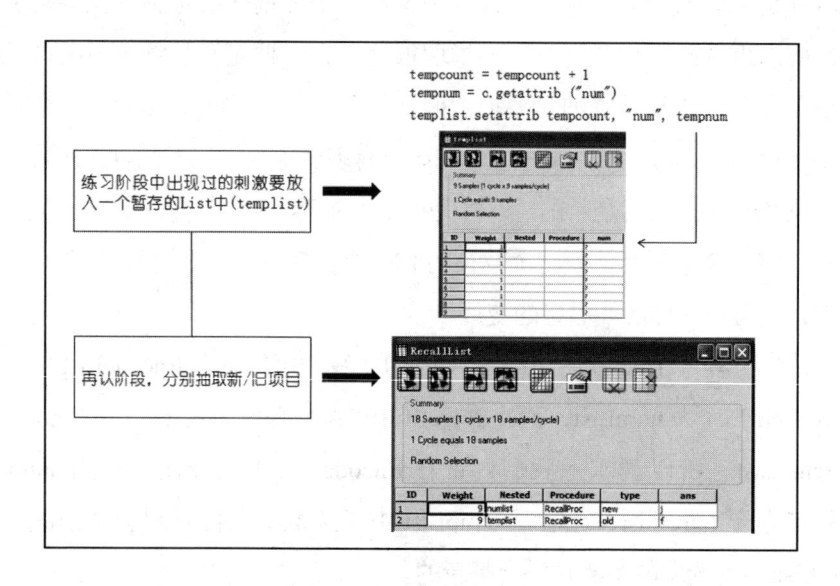

图10-3　再认实验的Inline

136 / E-Prime 第一次用就上手

因为要从 tempList 的第一行开始定义，且要换行，所以我们设定 tempcount = tempcount+1 的指令，以避免都仅针对 tempList 的第一行做设定。另外因为要暂存 List 所定义的变量（num），所以我们另外需要定义一个变量为 tempnum 来暂存 num，然后再定义 tempList 中的变量 num 的值会是 tempnum 的数值。❶ 基本原则如此，除了储存刺激材料外，跟刺激材料有关系的属性，也可以被储存到 tempList，若没有暂存，可能会让你在分析结果时非常痛苦。

根据实验参与者的表现来改变难度

有些时候我们会根据实验参与者的表现来改变实验的难度，也就是所谓的适性程序。这个背后的概念和先前介绍设定练习阶段的门槛类似，但我们要用另外一个写法来达成此目的。因为设定练习阶段门槛的写法是针对一整个阶段的表现来做设定，且先前的做法只是让没有达到门槛的实验参与者重新做一次，并不是真正去调整实验的难度。在一些实验情境中，我们会希望随时监控实验参与者的表现，并且改变难度，所谓的 Staircase 的操作模式即是如此。

难度的改变可以通过很多种形式，例如调整刺激呈现时间的长短、刺激材料的大小等，基本原则是一样的，程序 10-4* 介绍的就是利用改变刺激呈现时间的长短来改变难度。

请大家用文字的方式想想这个程序要怎么写：首先，必须设定希望实验参与者达到哪一种门槛（假设要达到 80%，则要设定答错一题就降低难度一个刻度、答对三题才提升难度一个刻度）；再者，必须要考虑是否难度有极大或极小值，以刺激材料的呈现时间为例，就不可能有少于 0 毫秒的呈现时间，但可以说是没有上限。反观如果利用改变刺激材料的大小来设定难度，刺激材料最大不可能超过屏幕的大小，最小则至少要能够呈现在画面上，

---

❶ 其实可以用更简单的写法 tempList.SetAttrib tempcount, "num", c.GetAttrib("num")，就是直接定义 tempList 中 num 的值，而不用暂存。两种方法都可以，就看大家习惯用什么方式。

所以上限和下限都需要考虑。第三点，一旦改变难度后，就要把记录答对、答错的次数都归零。

程序 10-4 是一个判断奇偶数的程序（参考图 10-4 的解说），一开始刺激材料的呈现时间（stimtime 这个变量，通过 tempDuration 来做设定的）为 500 毫秒，若连续答对两题，则呈现时间会减少 100 毫秒；答错一题，呈现时间就会增加 100 毫秒。

```
If c.GetAttrib ("ResFrame.ACC") = 1 Then '当实验参与者答对时要执行的指令
    ncorrect = ncorrect + 1
End If

If ncorrect > 2 Then '当实验参与者连续答对两题后要执行的指令
    tempduration = tempduration - 100 'tempduration减少100，会让StimFrame呈现时间缩短100ms
    If tempduration < 100 Then '因为若前一次的呈现时间已经为100ms，再减100ms，就会变成0ms
        tempduration = 100 '所以设定当tempduration小于100ms时要把tempduration改为100ms
    End If
    ncorrect = 0 '将答对的累计次数归零
End If

If c.GetAttrib ("ResFrame.ACC") = 0 Then '当实验参与者答错时要执行的指令
    tempduration = tempduration + 100 'tempduration会增加100，会让StimFrame呈现时间增长100ms
    nincorrect = 0 '将答错的累计次数归零
    ncorrect = 0 '将答对的累计次数归零
End If

c.SetAttrib "nOK", ncorrect '储存答对的累计次数，并非必要
c.SetAttrib "nNO", nincorrect '储存答错的累计次数，并非必要
```

图10-4　改变实验难度的Inline

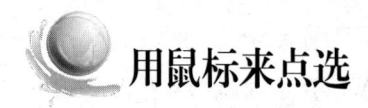

用鼠标来点选

在第 5 章介绍反应输入设定时，我们有提到其实还有别的方法可以做输入的设定，在这边就要介绍如何用鼠标来点选作答。假设有个实验需要实验参与者在画面中找是否有一个刺激和别的刺激不一样（例如在一堆红色的圆圈中判断是否有一个绿色的圆圈），若我们只用鼠标按键来做判断，仅能知道实验参与者是否认为画面中有个圆圈颜色和别的圆圈不同，但无法知道实验参与者是否真的找到那个颜色不同的圆圈；较理想的做法应该是请他把鼠标移到那个颜色不同的圆圈上，并且按键做反应。

请大家用文字的方式想想这个程序要怎么写：首先，实验参与者必须要

看到鼠标的光标（可能大家还没注意到，在 E-Prime 中的默认值是看不到鼠标光标的）。第二步是要让程序能够判断鼠标所点选的位置，并且判断是否那个点选的位置是正确的。

程序 10-5[*]是一个寻找红色 T 的实验，实验参与者会在画面中看到四个字母，其中一个是红色的 T、其他三个是绿色的 L。字母消失后，屏幕上会出现 1、2、3、4 的字样，实验参与者必须点选哪个字样所在的位置是刚刚红色 T 出现的位置。要让鼠标光标出现只要在画面出现前加入下列的 Inline 指令即可，图 10-5 有详细说明如何设定点选的位置为正确的答案。

```
'Designate "theState" as the Default Slide State, which is the
'current, ActiveState on the Slide object "ResFrame"

Dim theState As SlideState
Set theState = ResFrame.States("Default")
Dim strHit As String
Dim theMouseResponseData As MouseResponseData

'Was there a response?
If ResFrame.InputMasks.Responses.Count > 0 Then

    'Get the mouse response
    Set theMouseResponseData = CMouseResponseData(ResFrame.InputMasks.Responses(1))

    'Determine string name of SlideImage or SlideText object at
    'mouse click coordinates. Assign that value to strHit
    strHit = theState.HitTest(theMouseResponseData.CursorX, theMouseResponseData.CursorY)

'以上的内容可以套用在所有需要利用鼠标点选画面的实验，仅需要注意将ResFrame改为程序中
'其正需要记录鼠标点选画面的Slide名称

'定义点选的位置和目标所出现的位置是否相同
'E-Prime并非位置是否相同来做判断，而是点选位置的名称和目标的位置属性是否相同
'点选位置的名称是透过在Slide定义四个按钮所在的位置时所做的定义
'目标的位置属性是透过定义坐标时同时定义的
    If strHit = c.GetAttrib ("item1v") Then  '因为item1v是红色目标的位置属性
        ResFrame.CRESP = c.GetAttrib ("item1v")  '所以只要在点选位置和这个属性相同时才会答对
        ResFrame.ACC = 1
    End If

    If strHit = c.GetAttrib ("item2v") Then
        ResFrame.CRESP = c.GetAttrib ("item2v")
        ResFrame.ACC = 0
    End If

    If strHit = c.GetAttrib ("item3v") Then
        ResFrame.CRESP = c.GetAttrib ("item3v")
        ResFrame.ACC = 0
    End If

    If strHit = c.GetAttrib ("item4v") Then
        ResFrame.CRESP = c.GetAttrib ("item4v")
        ResFrame.ACC = 0
    End If
End if
```

图10-5 用鼠标点选作答的Inline

Inline 中比较难理解的是，如何让程序可以判断实验参与者是否按了正确的位置。简单来说，我们要让程序知道红色 T 是放在哪个区域，如果实验参与者用鼠标点选到同样的区域，那我们就会判定他们答对（如图 10-6 所示）。这个是一个比较简单的设定方式（虽然需要转换一下想法），当然也可以利用鼠标点选的坐标来做设定，但因为按钮并不是只在一个坐标位置，所以需要设定一个范围为正确点选区，设定起来其实是不容易的。

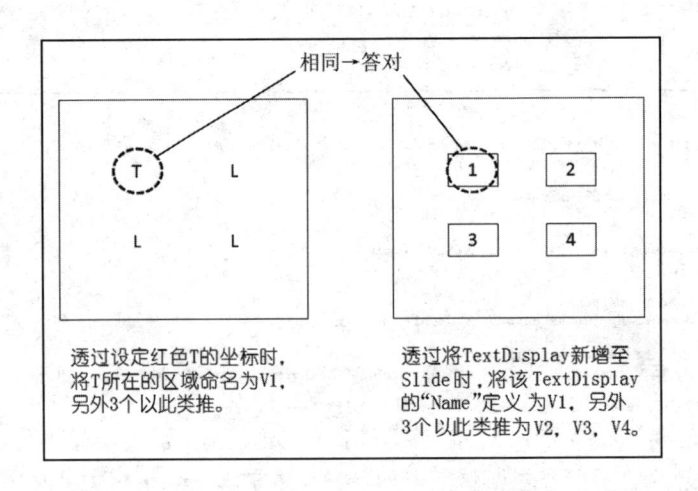

图10-6　鼠标点选的逻辑

鼠标点选的应用范围其实很广，特别是在做喜好度评判时，有别于五点或七点量表，可以让实验参与者直接在一个量尺上按键作答（当然也需要设定按在哪个位置代表的评价为何），似乎是比较理想的做法。

连接其他设备

有不少设备都可以和 E-Prime 沟通：包括眼动仪、脑波仪等，有些仪器设备会有额外的 Package，照着那些仪器设备的设定就可以让 E-Prime 和那些仪器设备沟通。但其实若知道计算机是通过哪个端口和这些仪器设备连接，也可以直接用 Inline 的方式来连接 E-Prime 和这些仪器设备。

接收外在设备的信息

要接收外在设备的信息从写程序的角度是比较简单的，但要搞清楚外在设备是通过哪个端口连接到计算机的，以及究竟外在的设备在哪些情境下会送信号出来。首先要请大家在 Experiment Object 属性设定的部分，选到 Devices 的分页，并且选择 Add，从选单中找到你要连结的外在设备（如图 10-7 所示）。

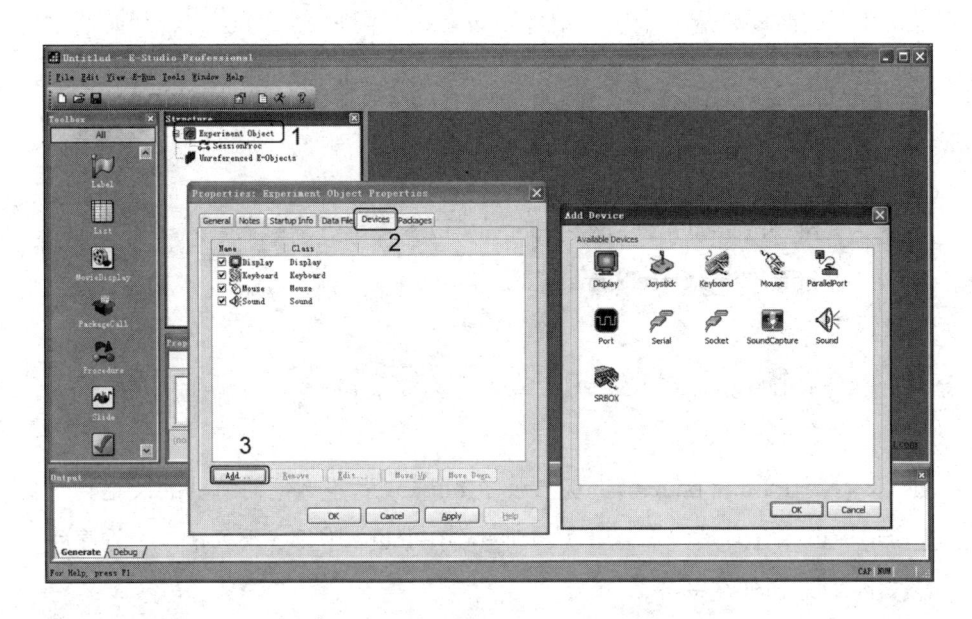

图10-7　新增一个外在设备

接下来在程序中为你需要外在设备送信息的地方新增一个画面（通常应该是搭配刺激材料的呈现），用 TextDisplay、ImageDispaly 或 Slide 都可以，但要切记在 input mask 的部分新增你刚刚增加的外在设备，例如刚刚在 Experiment Object 新增了 serial、port，则在这里也要新增 serial、port，将这个画面的 Duration 设定为 (infinite)，Allowable 设为 {ANY}；若你知道外在设备送什么信息是所谓的正确答案，则可以用变量来设定 Correct，如此一来就可以通过外在设备传送的信息来记录实验参与者是否答对或答错。

送出信息到外在设备

要送信息到外在设备需要写几个 Inline，同样也需要知道计算机是通过什么端口和外在设备沟通。最常使用的是 LTP1 port，就是早期打印机的端口，这个端口的代号就是 &H378。

假设现在我们想要用程序 10-4 和外在设备连结，且这个设备是通过 &H378 这个端口和计算机连接的（参考程序 10-6[*]）。我们希望在实验参与者看到数字的时候，送一个信号给外在设备，我们必须在程序的一开始新增一个 Inline，告知接下来在看到数字时需要送一个信号：

StimFrame.OnsetSignalEnabled = True

StimFrame.OnsetSignalPort = &H378

StimFrame.OnsetSignalData = 0

第一行就是允许程序送信号出去，第二行是指称要透过哪个端口；第三行是把起始值设为 0。

接着要在 StimFrame 前也加入一个 Inline，若不做任何特别的设定，只是希望标记什么时候数字会出现，则只要在 Inline 中打入下列指令，程序就会送出"1"到外在设备。

StimFrame.OnsetSignalData = 1

当然也可以根据刺激材料的属性来送出不同的信号，此时就需要设定一个变量，假设我们设定变量为 numtype，则会用下列指令：

StimFrame.OnsetSignalData = c.GetAttrib（"numtype"）

所以其实没有想象中的难，比较难的部分是要确认外在设备可以收到信号,以及这个信号被标记在什么地方。

刺激呈现时间过短时记录反应的方法

　　刺激材料呈现时间过短时(例如 50 毫秒内),有两种方法可以记录反应,首先,在刺激呈现后另外出现一个画面,让实验参与者在看到这个画面时才能按键做反应。但有些情境下,刺激材料是连续快速变动的,例如若在画面中呈现一张人脸的图片,图片会从小慢慢变大,而实验参与者需要判断这张图片中的人是男性或是女性。在这种情境下,基本上就不适合用第一种方法,而是需要用 Inline 来做一些设定。

　　假设我们在画面中呈现一个数字,这个数字会从屏幕的左边快速移动到右边,而实验参与者需要尽快判断这个数字是奇数或是偶数。

　　用文字的方式来想这个程序,就是需要让数字从左边往右边移动,且不论实验参与者什么时候按键,程序都要能够记录反应时间及判断正确率。

　　<u>程序 10-7</u>[*]中,每个试次一开始会有一个凝视点(出现在屏幕的左边),接着这个数字会出现在屏幕上十个不同的位置,由左边至右边快速移动。在 ExpProc 上凝视点之后,我们加入了 Wait 的元素,这是之前没有介绍过的元素,Wait 的功能是即使在 Wait 画面结束呈现后,依旧可以继续记录反应。如图 10-8 所示,Duration 设定为 0,但是 time limt 设定为 (infinite),除此之外,End of Action 要设定为 Jump,并且搭配 FakeLabel 这个 Label。

　　在 Wait 之后是刺激材料呈现的画面,除了最后一张我们会设定呈现直到实验参与者反应外,其他的都是设定呈现 50 毫秒。最重要的是 PressDuringImage 与 PressAfterImage 这两个 Inline,里面主要就是设定假设在 Wait1 消失后若有任何按键反应就要进入判断式内,为什么要设定两个呢?主要原因是按键的时间有可能会刚好在有个画面呈现的时间,则 Wait 的反应会无法被接收,所以要写两个看似一模一样的 Inline。

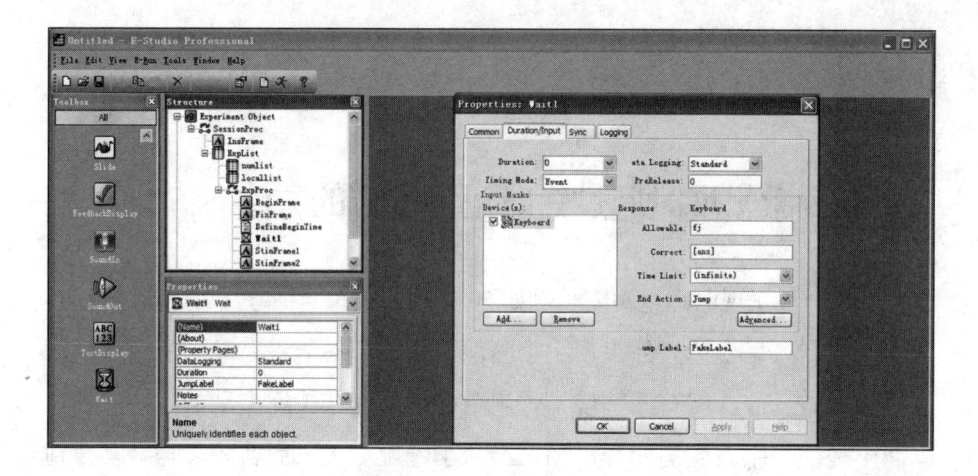

图10-8　Wait的设定

小　结

　　Inline 其实有相当广泛的应用，建议大家先想清楚要达成什么目的，再参考别人类似的程序，应该就可以达成目的。鼓励大家多多利用网络上的资源，也可以参考 Visual Basic 的书籍。

章节挑战

　　1. 写一个程序，让实验参与者用量尺来评定对于图片的喜好程度，仅在量尺的两端标记为非常负向、非常正向，但实际上量尺是由七个小量尺所组成的。所以对实验参与者来说，他们可以点选量尺上的任何位置，但实际上程序只会用七点量表的方式来记录实验参与者的反应。

　　提示：善用鼠标点选的机制。

　　2. 写一个程序，实验参与者会先看到一个形状的轮廓，接着会看到一个色块，最后会有一个填满颜色的形状，实验参与者要判断这个形状是否为先前轮廓及色块的组合。

提示：可以用 & 来将变量组合在一起，所以这个实验中可以用一个代号来表征形状的轮廓、另一个代号来表征色块，然后用这两个代号的组合来命名填满颜色的形状即可。

小诀窍

1. 若只有一个 List，但不希望实验参与者全部做完才休息，可以在 ExpProc 中加入计数器结合 Goto Label 的运用，只要累计到一定的数量，就会跳到休息的画面，否则就会继续下一题。

2. 若实验参与者的表现真的太差，要终止实验，通过下列这个 Inline 即可跳出这个 List。

ExpList.Terminate

第 11 章
用 E-Prime 写常用的心理学实验程序

这个章节要介绍一些心理学实验常用的实验程序，有些实验或许目的不同，但在 E-Prime 的语法及呈现上类似的，我们就不会重复介绍了。掌握基本的原则，就可以写出需要的程序了。每个试次仅有一个刺激呈现的程序我们就不另外做介绍了，大家可以参考前几章的范例，因为顶多只是要新增一些变量的设定，建议大家搭配云盘中的程序文件阅读。

促发实验

在促发实验中，实验参与者会先看到一个促发物，接着会出现一个需要他们判断的目标物。类似的实验典范有：Cueing 实验典范、dot-probe 实验典范等，都是在一个尝试中至少会让实验参与者看到两个有意义的刺激材料（凝视点不算在内）。

程序撰写介绍

这个实验需要注意的是，要在 List 同一行中标定促发物及目标物，以及要用一个变量定义促发物及目标物之间的关系。在程序 11-1[*]中，促发物是用英文词汇（都是数字），目标物是数字，实验参与者的作业是要判断数字是奇数或是偶数。实验操纵的是，促发物和目标物所指称的数字是否相同（请参考图 11-1 促发物与目标物不一致的尝试）。

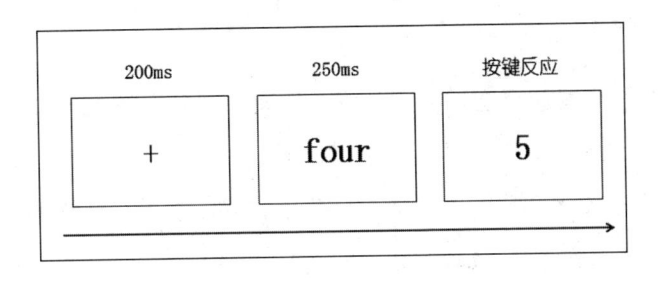

图11-1 促发实验尝试的流程

在 ExpList 中只看到两行是因为我们只定义了刺激材料组合的类型：一种是促发物和目标物指称的数字是相同的（Nested 字段为 sameList 的）、另一种是促发物和目标物指称的数字是不同的（Nested 字段为 diffList 的）。大家可以看到真正和刺激材料呈现相关的变量都不在 ExpList 中，也会发现 sameList 和 diffList 基本上是一模一样的结构。这不是唯一的写法，但会是看起来最简洁的写法，让大家参考。

结果分析介绍

这个实验中我们用 Type 来定义自变量，可以分析两个指标：TargetFrame 的正确率及反应时间，提醒大家在分析反应时间时要记得对设定 TargetFrame 答对的进行分析。

视觉搜寻实验

在视觉搜寻实验中，画面上会一次出现多个项目，假设有四个固定的位置会出现刺激材料，目标物会随机出现在其中一个位置上，也有可能都不会出现。值得注意的是，视觉搜寻实验通常会控制画面中出现刺激材料的数目，在程序 11-2[*] 中我们仅示范了一种刺激材料数目的试验，依样画葫芦就可以达成这个目的。

程序撰写介绍

这个程序需要注意的是如何让目标物及干扰物能够随机出现在各个位置，所以会用到很多的变量设定。除此之外，这是一个相对容易撰写的程序，因为只有一个主要的画面。在程序 11-2 中，实验参与者一次会看到四个刺激，分别出现在屏幕的左上、右上、左下及右下。实验参与者要判断画面中是否有一个红色的英文字母，实验有三种情境：一、全部都是绿色的数字；二、有一个红色数字，其他的干扰物是绿色的字母；三、有一个红色英文字母，其他干扰物是绿色的字母，参考图 11-2（因为印刷关系，绿色以黑色代替，红色是较浅色。这个例子属于第三种情境：一个红色英文字母，其他干扰物为绿色字母。）

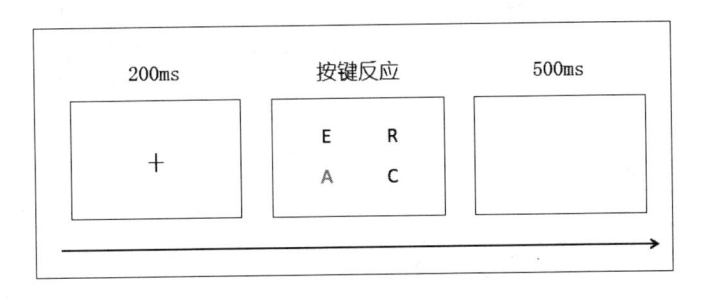

图11-2 视觉搜寻实验尝试的流程

我们利用变量去设定选用哪一个刺激材料及刺激材料所摆放的位置，需要注意的是，在程序中假定若画面中有红色的数字或字母，那个刺激一定是item1，所以我们设了一个变量来改变item1的ForeColor；当全部数字都是绿色时，我们自然就把ForeColor设为green，如同ExpList中的第一行。

情境一和二都是没有红色英文字母出现的，为了要控制按键上的平衡，我们将情境三的Weight改为2，以平衡实验参与者按两个按键的频率。

又因为我们一个尝试需要用到LocationList中的四个位置，但对于E-Prime来说，执行一个尝试只用掉其中一行，为了避免刺激会出现在同一个位置，在LocationList属性设定的部分，Reset/Exit要设定为Reset at beginning of each Run。

结果分析介绍

这个实验中我们用Type来定义自变量，可以分析两个指标：StimFrame的正确率及反应时间，提醒大家在分析反应时间要记得对设定StimFrame答对的才分析。

注意力眨眼实验

这个实验典范中，实验参与者一次会看到多个快速呈现的刺激材料，其中有两个刺激材料（简称 T1 与 T2）的属性（例如颜色）会和其他的刺激材料不同，实验参与者需要判断这两个刺激材料分别是什么。在这个实验中，T1 和 T2 中间间隔的刺激材料数目会不同，在实验撰写上，若没有使用 Inline 是相当麻烦的。这个 Inline 的用法也和先前介绍的略有不同，大家可以参考一下。

程序撰写介绍

需要注意的是这个程序要操纵 T1 和 T2 中间间隔的刺激材料数目，已经在接收实验参与者反应时可以考虑用 AskBox，毕竟不是判断出现哪个刺激材料，而是要输入自己看到了哪个刺激材料。在程序 11-3*中，实验参与者在一个尝试中会依序看到 15 个刺激，其中第三个刺激会是先出现第一个红色的字母，根据 lag 这个变量所定义的间隔，之后会出现第二个红色的字母，除了这两个刺激外，其他的刺激都是黑色的。每一题结束后，实验参与者会看到两个跳出的窗口，要依序输入他们看到的第一个和第二个红色的字母，如图 11-3。

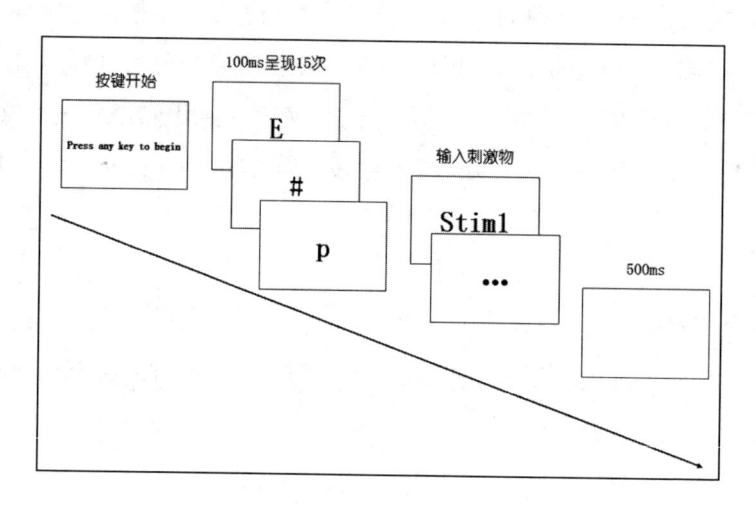

图11-3 注意力眨眼实验尝试的流程

这个程序最特别的就是 ExpProc 中其实包含了另一个 Procedure（StimProc），而和刺激材料呈现真正有关系的是 StimProc。在这个实验中因为第一个和第二个字母中间间隔的数目不一样多，所以不能用一个 Procedure 来达成这个目的，因为 Procedure 是线性运作的，设定第几个项目为第一个红色的字母，就是第几个。

解套的方式用 StimProc 来呈现刺激，其实一次只会呈现一个，然后搭配上 Inline 的应用，就可以定义第几次呈现的时候要呈现第一个红色的字母、第几次又要呈现第二个红色的字母。在范例中大家也可以看到 If... then... end if 不一定要出现在同一个 Inline 中，也可以让 then 之后执行的是呈现某个画面。

这样写法的缺点是，在分析数据时会比较痛苦，因为每执行一次 StimProc 就会在结果处出现新的一行，但对实验来说，每一题其实是执行一次 ExpProc；换句话说，每 15 行才等于一题！

另外我们在 AskBox 呈现的 Inline 内也做了后续的比对，设定当实验参与者输入的刺激和真实呈现的刺激相同时，就算是答对。原本用 AskBox 是没有办法直接做正确率的判断，但在程序 11-3 的范例中，加入了判断正确率的语法，就可以达到这个目的了，大家在分析数据的时候会比较开心的。

结果分析介绍

这个实验的分析比较麻烦，如上面提到的，每执行一次 ExpProc 其实就产生了 15 行数据，建议大家可以先用 Filter，选择 StimList.Sample 中 15 为倍数的选项，就可以让一个尝试只有一行数据，并且把这个 analysis 存下来，之后就会非常方便了。

另外因为 T1 与 T2 呈现时都是大写，所以在 AskBox 输入时，若不是用大写的，则会被判断为错误的。

N-back

N-back 大概是近年来最受欢迎的心理学实验，因为有研究[●]指出接受

[●] Jaeggi, S. M., Buschkueh1, M., Jonides, J. & Perrig, P.J.(2008). Improving fluid intelligence with training on working memory. *PNAS,* 105, 6829-6833.

N-back 的训练能够提升流体智力，所以坊间有很多 N-back 的应用程序。在这个实验中，会持续呈现一个刺激，实验参与者的任务是要比较现在看到的刺激和之前的是否相同，1-back，是要判断现在看到的和之前的那一个是否相同；2-back，则是要判断现在看到的和之前两个的是否相同，以此类推（以 2-back 为例，若出现的刺激材料依序为 2,3,5,3,4,6,6,4，则在看到第二个 3 时判断为有目标物出现〔因为两个之前的刺激也是 3〕，其他均为没有目标物出现的情境）。

程序撰写介绍

这个程序呈现的部分很简单，但要如何正确记录反应是不容易的，因为必须不停地更新暂存的数字。在程序 11-4[*] 中，每一个尝试会有 22 个数字呈现，实验参与者必须判断目前看到的数字是否和之前两个的相同。

这个程序中我们利用了 array 变量，array 是一个变量的集合，程序中用 dim a(2) as string 表示我们定义 a 这个 array，并且告知内有两个字符串的变量❶。其中有一半的尝试，实验参与者看到的目标数字和两个之前的是相同的；另一半的尝试，则会看到不同的。DefineSaveArray 这个 Inline 中，定义了要把刺激暂存的指令，因为只需要比对和两个之前的项目是否相同，因此仅需要暂存两个项目即可。

因为前两个数字不可能会需要实验参与者做判断，且必须出现在其他尝试之前，所以我们用两个不同的 List 和 Procedure 来设定所需要呈现的刺激材料。但因为 Nested 功能抽取上的限制，在 diff 的情境下（看到的目标数字应该要与两个之前的不同）有时候会发生随机抽取出的数字刚好和两个之前的相同，所以在 DefineTrialType 的部分我们加了一个判断式，就是当上述的情形发生时，必须要更改尝试的类型为 "same"，此外要把正确答案改成 "f"。这种做法是比较简单可行的，但 same 与 diff 的比率就不会是

---

❶ 用 array 最大的好处是可以更弹性地去操纵变量，当然分别去定义变量也可以达到这个目的，但过程比较烦琐。例如可以用 a(i) 来定义要抽取的项目为 array 中的第 i 个，就可以通过一些方式来改变 i，即可设定抽取不同的变量。

1:1，而是接近 1:1，虽然不是最理想，但就 N-back 实验来说是可以接受的。

结果分析介绍

和注意力眨眼的实验相类似，每次执行 ExpProc 其实产生了多行数据，但在这个实验中，每次执行 ExpProc 其实有 20 题需要分析正确率。一个做法是利用后制的方式，先把结果输出至 Excel，再每 20 题计算平均正确率。

另一个做法是另外写 Inline 来计算正确率，程序 11-4v2[*] 就加了两个 Inline 来计算正确率，首先 DefineAcc 是记录每一题答对与否，CalAcc 则是计算每个尝试中的平均正确率，并且另存为一个变量 TrialAcc。另外我们定义 tempcount 是一个 currency 的变量，因为 currency 才能把小数点右方的数字储存下来，若定义为 integer，则仅会记录 0 或 1。

最后，因为每一个尝试产生多行的数据，建议大家可以先用 Filter，选择 Stim.Sample 中 20 为倍数的选项，就可以让一个尝试只有一行数据，并且把这个 analysis 存下来，之后就会非常方便了。

小 结

从撰写 E-Prime 程序的角度来看心理学常用的实验典范，会发现其实差异没有那么大。但除了呈现之外，可能还有其他需要考虑的因素，例如不能连续几题都按同一个按键等，这些都需要通过 Inline 另外做设定。附录一中列出了一些网络资源，鼓励大家可以观摩别人的程序，不见得要自己从头开始写起。还是提醒大家,撰写程序时一定要思考怎么分析数据会比较便利，另外当遇到瓶颈时，想想看是否有别的方法可以撰写程序。毕竟，只要实验参与者看起来没有差异，数据又能够正确地被记录下来，那不一定要坚持用某特定的方法来完成程序。

第12章
E-Prime 也可以这样用

虽然 E-Prime 本来的目的是拿来写心理学实验需要的程序，但其实也可以把 E-Prime 当成一个呈现及接收刺激的软件。作者在台湾辅仁大学教 E-Prime 的三年经历中，鼓励同学们多多开发 E-Prime 的可能性，在期末成果呈现时，真的写心理学实验的反而是少数。在这个章节，我们会介绍一些 E-Prime 的可能性。

E-Prime写算命程序

外界普遍认为学心理学的人能够看透人心，既然这样，就用一个程序来骗骗他们吧！有两种做法：第一种做法，根据选择的项目，给予固定的答案（程序 12-1[*]）。大家或许觉得这样有欺骗人的嫌疑，但坊间很多的算命游戏都是这么做的。

要根据选择的项目给予固定的答案，就必须要能够记录实验参与者输入的答案，程序 12-1 中的 CreateFeedback 这个 Inline 就是在执行这个动作，请参考图 12-1。另外根据 AgainFrame 的反应，程序会跳到 BeginLabel，让实验参与者可以再做一次，或是结束程序。

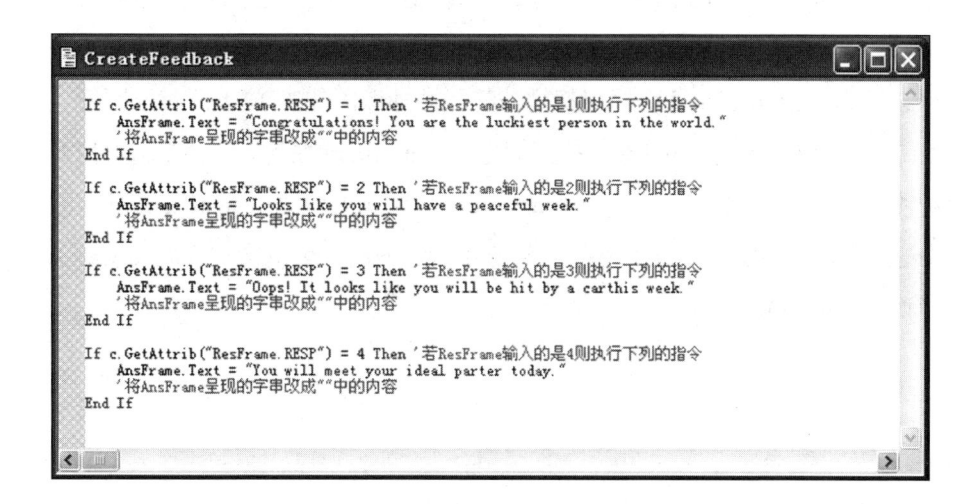

```
CreateFeedback
If c.GetAttrib("ResFrame.RESP") = 1 Then '若ResFrame输入的是1则执行下列的指令
    AnsFrame.Text = "Congratulations! You are the luckiest person in the world."
    '将AnsFrame呈现的字串改成""中的内容
End If

If c.GetAttrib("ResFrame.RESP") = 2 Then '若ResFrame输入的是2则执行下列的指令
    AnsFrame.Text = "Looks like you will have a peaceful week."
    '将AnsFrame呈现的字串改成""中的内容
End If

If c.GetAttrib("ResFrame.RESP") = 3 Then '若ResFrame输入的是3则执行下列的指令
    AnsFrame.Text = "Oops! It looks like you will be hit by a carthis week."
    '将AnsFrame呈现的字串改成""中的内容
End If

If c.GetAttrib("ResFrame.RESP") = 4 Then '若ResFrame输入的是4则执行下列的指令
    AnsFrame.Text = "You will meet your ideal parter today."
    '将AnsFrame呈现的字串改成""中的内容
End If
```

图12-1　根据实验参与者反应改变呈现的字符串

第 12 章　E-Prime 也可以这样用　/159

第二种做法，根据选择的项目，随机给予答案。这个程序有几种不同的写法，例如可以根据实验参与者的反应，利用 Inline 及 Label，让画面会跳到 Proc 的某个位置，如图 12-2 所示。根据实验参与者的反应，CreateFeedback 这个 Inline 会决定要跳到 Ans1Label 或是其他的位置，不论到了哪一个位置，在看完结果后都会跳到 EndLabel 这个画面。

ResFrame　CreateFeedback　Ans1Label　Ans1Frame　DoItAgain1　Ans2Label　Ans2Frame　DoItAgain2　EndLabel

图12-2　结合Inline及Label的使用

或是可以设定，实验参与者看到内容为一个变量，这个变量会根据实验参与者的反应而有变动。程序 12-2* 就是这样的做法，如图 12-3 所示，CreatFeedback 的 Inline 会随着实验参与者的反应而改动 answer 这个变量的设定●。

这些数值分别是在不同的 Nested List 中的变量，当然也可以用同一个 Nested List，然后用不同的名称来命名变量。这两个做法有一个差异，前者不同变量间（例如 ans1item 与 ans2item）数值的呈现是完全随机、没有关联性的；倘若把这些变数都放在同一个 Nested List 中，则变量间是有绝对的关系，因为 Nested List 每次抽取都是一整行被抽取。如表 12-1 所示，即便这个 List 有随机，只要 ans1item 抽到的是 A，ans2item 抽到的也会是 A。但如果变量是被放在不同的 List，则 ans1item 抽到 A 的时候，ans2item 只有五分之一的机会抽到 A。虽然在这个程序中两者没有太大的影响，但大家要了解两者间的不同。

● 要记得将 ExpProc 属性中 Generate PreRun 设定为"BeforeObjectRun"，否则会出现错误信息。

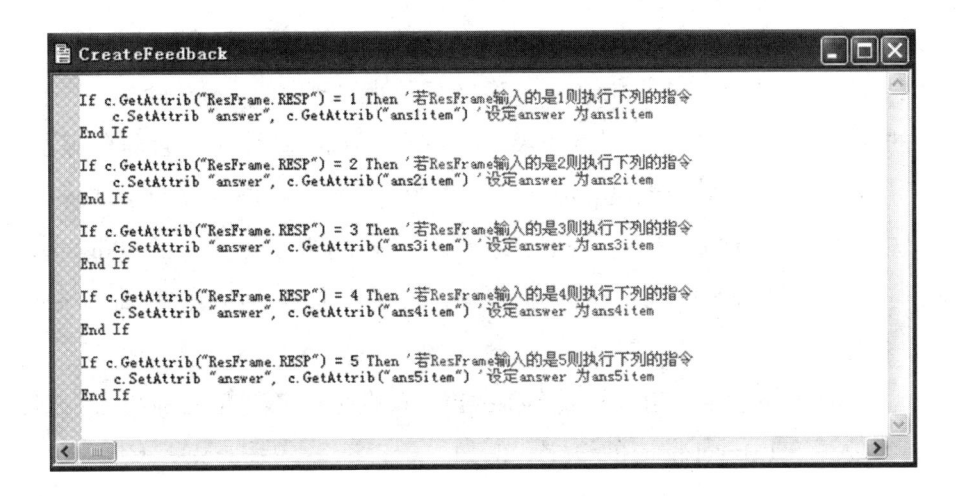

```
CreateFeedback
If c.GetAttrib("ResFrame.RESP") = 1 Then '若ResFrame输入的是1则执行下列的指令
    c.SetAttrib "answer", c.GetAttrib("ans1item") '设定answer 为ans1item
End If

If c.GetAttrib("ResFrame.RESP") = 2 Then '若ResFrame输入的是2则执行下列的指令
    c.SetAttrib "answer", c.GetAttrib("ans2item") '设定answer 为ans2item
End If

If c.GetAttrib("ResFrame.RESP") = 3 Then '若ResFrame输入的是3则执行下列的指令
    c.SetAttrib "answer", c.GetAttrib("ans3item") '设定answer 为ans3item
End If

If c.GetAttrib("ResFrame.RESP") = 4 Then '若ResFrame输入的是4则执行下列的指令
    c.SetAttrib "answer", c.GetAttrib("ans4item") '设定answer 为ans4item
End If

If c.GetAttrib("ResFrame.RESP") = 5 Then '若ResFrame输入的是5则执行下列的指令
    c.SetAttrib "answer", c.GetAttrib("ans5item") '设定answer 为ans5item
End If
```

图12-3　根据反应来设定不同变量的选取

表12-1　变量都放在同一个List中

	ans1item	ans2item	ans3item	ans4item	ans5item
1	A	A	A	A	A
2	B	B	B	B	B
3	C	C	C	C	C
4	D	D	D	D	D

E-Prime当作填写问卷的程序

虽然 E-Prime 是为了心理学实验而开发的，实际上也可以用来做问卷调查。当然使用 Google 的窗体就可以达成此目的（http://goo.gl/EOrZE），但若没有网络联机就没有办法了。用程序来搜集问卷数据最大的好处，就是不用再重新输入，而且在分析数据时会方便许多，当然缺点就是实验参与者如果按错了，就回不去了（也可以设定让实验参与者可以修正自己的答案，但程序写起来会较复杂，此外分析数据时也会有点混乱）。

程序 12-3[*]是一个让实验参与者填入基本资料的问卷。这个程序很单纯，比较特别的是关于 Echo 的设定，在第 5 章的小诀窍做过简单的介绍，这个程序中则是有直接的范例让大家参考。各位可以通过背景色、前景色等设定让 Echo 填答的画面也很美观。但大家要注意 Allowable 中要包含你所定义的 Termination Response，否则程序会出现错误讯息。另外，若 Allowable 没有设定 {BACKSPACE}，则实验参与者在输入时，没有办法按 backspace 键去进行修正。

除此之外，若希望程序能够根据 Echo 的作答来判断正确与否，则必须要注意 Correct 反应的设定。例如，若正确答案为 apple，且设定的 Termination Response 为空格键，则 Correct 要设定为 apple{SPACE}，若只设定 apple，则程序会判断这题实验参与者是答错的[❶]。

E-Prime 做动画

虽然 E-Prime 2.x 的版本已经可以播放影片，但其实利用 x, y 坐标的设定，或是不同图片的播放（类似电影的效果），也可以自己做出动画的感觉。改变 x, y 坐标的设定就像程序 10-7 的延伸，在那个程序中有个数字会从屏幕的左边往右边移动，所以只要系统地改变刺激所在的位置，看起来就会有动画的感觉了。有学生就利用这个方式用 E-Prime 写了类似跳舞机的软件，学生的创造力真的是超乎想象！

用不同图片的播放来制造动画效果，其实就比较困难，因为一分钟的影片至少要有 20 张图片，否则在观赏的时候就会有不顺畅的感觉。作者就有一位学生曾经为了做动画，拍了 700 多张照片，大家看了都是赞叹声连连。后续又有学生发现更容易的方式，可以录下一段影片，透过一些软件把影片转成图片，然后再做一些设定。例如，就有学生就先录跑跑卡丁车的游

[❶] 因为 Echo 输入会记录所有按过的按键，即使实验参与者有用 backspace 按键删除一些输入错的字符。例如，若要打 apple 结果发现多打了一个 p，所以按了两下 backspace 键，然后重新输入一次，系统所记录下来的反应就会是 "appple{BACKSPACE}{BACKSPACE}le"，因此建议不要用程序内建的方式来做正确率的判断，否则会低估了实验参与者的正确率。

戏画面，然后自己后制一些游戏关卡，这样也是相当有趣的。

E-Prime做游戏

用 E-Prime 可以做一些简单的游戏，当然因为这个软件本身不是拿来写游戏程序的，所以撰写的过程会比较烦琐。但只要善用 Inline 及变量的设定，其实也可以写出很有趣的游戏。曾经有同学利用 E-Prime 写了一个类似百万大歌星的游戏，看起来还真是有模有样。

程序 12-4* 是一个 ooxx 的游戏，看似简单的游戏其实不容易，首先要考虑已经有东西的位置就不能够再放东西，所以在按键的部分必须将 Allowable 设定为变量，然后根据先前的按键判断随时修改 Allowable 的变量。在程序中，我们将 Allowable 设定为 keyallow 这个变量，并且在 DefineKey 这个 Inline 将 keyallow 设定为 a1 & a2 & a3 & a4 & a5 & a6 & a7 & a8 & a9。我们将 a1 至 a9 分别设定为 1 至 9 的数字，所以一开始 1-9 的按键都是可以按的。

根据实验参与者的按键，必须要做几件事情，请参考图 12-4 的说明：

```
If c.GetAttrib("circlego.RESP") = 1 Then '如果选择把o放在1这个位置
    a1 = "" '设定a1为空集合，搭配之后 c.SetAttrib "keyallow", a1 & a2 & a3 & a4 & a5 & a6 & a7 & a8 & a9的设定
    '1就不再是可以按的按键
    o1 = 1 '设定o在1这个位置被选取，因为我们必须要让程序能够判断是否有三个o连成一线
    c.SetAttrib "n1", "" '原本九宫格中，每个位置会有数字提醒实验参与者按哪个按键来防止。因为1已经被放东西了
    '这个数字也就没有存在的必要，因此设定为空集合。
    c.SetAttrib "i1", "circle.jpg" '原本位置上放了一张白色的圆，现在则取代为o的图片
End If
```

图12-4　选择一个答案后需要更改的设定

除了针对每一个按键选择后做设定，也需要考虑若做了这个选择后就赢了，程序要如何进行，请参考图 12-5 的说明：

```
If o3 + o5 + o7 = 3 Then '当3,5,7这三个位置连成一线时
    c.SetAttrib "gameresult", "result8.jpg" '在原本的九宫格上重叠了一张只有九宫格的图
    '这个指令将那张图pain换成一张有九宫格加上连成一线的红线
    finalresult = "circle" '设定finalresult为圆形,这个只是为了后续的判断式而做的定义
    c.SetAttrib "showresult", finalresult '设定showresult这个变数的值等于finalresult
    '在结果档中只会存储showresult,但finalresult这个global变数不会被储存
End If

If finalresult = "circle" Then '因为只有连成一线时,finalresult才会被定义为circle
    '所以这行指令基本上是说如果o赢了时要做什么
    Goto EndLabel '跳到EndLabel所在的位置
End If
```

图12-5　选择后就赢了的程序设定

在撰写游戏时,要考虑所有的可能性,其实是相当复杂的。以这个 ooxx 的程序为例,就有 16 种可能的赢法,因为 o 和 x 各有 8 种可能连成一线的方式,要把所有的方式都写出来;平手的可能性有太多种了,就没有办法一个一个定义,但可以写一个通则,来告诉程序若平手时该怎么做。

在程序中 ContinueOrNot 这个 Inline 就是让程序来判断是否已经平手了,若还没有平手,则程序要继续执行;倘若平手,则立即跳到 EndLabel 这个标签。

小　结

人文社科训练背景的学生通常不擅长写程序,但若能够让他们发现程序没有那么冷冰冰,或许能够提升学生的动机。所以通常第一次上课,我都会让学生看看过去学长学姐精彩的作品,让他们对课程有多一点的热情。希望这个章节介绍的内容也可以给各位一些启发,激起一些热情。

附录一
相关网络资源

E-Prime程序撰写相关

1. 本书配套的网站（https://sites.google.com/site/eprimefordummies/）：在网站上会提供相关的网络资源，及范例介绍。

2. E-Prime官方的影片教学（http://www.youtube.com/user/PSTNET?feature=watch）：有一些步骤的影片教学，不过没有中文字幕的解说。

3. E-Prime官方的支持（http://www.pstnet.com/support/login.asp）：购买原版的商品注册后，可以登入该系统去做咨询，通常一两天内就会有响应，有时候甚至会帮忙写程序范例。

4. STEP E-Prime Scripts（http://step.psy.cmu.edu/scripts/index.html）：有很多经典的心理学实验程序范例，优点是有告知原始实验的出处，缺点是这些范例的撰写方式不见得是最好懂的。

5. 杨政达老师的网页（http://ct-yang.blogspot.tw/2009/06/blog-post.html）：在Shared Resources下有一些E-Prime的范例程序可供参考。

6. Google上的E-Prime团体（http://groups.google.com/group/E-Prime）：有些热心的网友会协助提供答案，但建议先搜寻是否有人问过类似的问题。

刺激材料制作相关

1. 声音文件的制作：可利用Google翻译（http://translate.google.com）或

是台湾工研院的文字转语音（http://tts.itri.org.tw/），将文字刺激转为声音文件，建议可以用这个方式来制作标准化的口说版指导语。

2. 影片文件转成图片文件：Free Video To JPG Converter，可参考下列网站的说明：http://www.dvdvideosoft.com/cht/guides/free-video-to-jpg-converter.htm。

3. 制作指导语等：虽然在 E-Prime2.x 中可以直接输入中文，但排版上较难控制，建议可以使用 PowerPoint，然后将投影片另存为图片格式即可。但要注意 PowerPoint 页面大小的设定，要符合 E-Prime 的 Display 大小设定。

附录二
E-Prime使用常见的问题

问题一：程序代码没有办法产出

解答：初学者碰到这样的情形，通常会有点慌张，但其实 E-Prime 都会大概告知是什么问题，要仔细看 Script → Full 分页停在什么位置，通常就是那个位置的语法有设定上的错误，不过有时候也不容易判断。建议可以重新检查程序，往往都是有变量定义不正确，或是有些 Inline 的语法不正确所造成的。

问题二：程序呈现的和想象中的不同

解答：这个问题通常是有些设定上的错误，一个常见的错误是 List 呈现的方式，有可能误以为有设定为随机，但实际上是照顺序呈现的。另外一个常见的问题是画面 Clear After 没有设定为 Yes，导致会看到前一个画面的残影。

问题三：搜集到的资料有问题

解答：假设没有搜集到要搜集的资料，则要检视是否在 Duration/Input 设定上有错误，若正确答案不属于 Allowable，则实验参与者就算按了正确答案，也不会被记录。另外要检查 Logging 是否有勾选自己要分析的资料。变量命名时若有重复的现象，则最后一个变量才会被储存，因此有可能会造成应该记录到的数据没有被记录。建议在命名时要额外小心。

问题四：结果文件有些变量后方有 [trial]、有些有 [sub trial]，到底该分析哪个？

解答：会看到变量后有注记 [trial] 和 [sub trial]，显示程序中记录的反应，有些是在 SessionProc 下的 List 所执行的（所谓的 [trial]）、有些是在 SessionProc 下的任意 Procedure 下的 List 所执行的（所谓的 [sub trial]）。在第 6 章实验参与者间设计的部分，就有提到这样的例子。要看实验主要要分析的结果是在哪个 List，才能判断需要分析的是 [trial] 或是 [sub trial]。